軍事的暴力を問う

旅する痛み

冨山一郎／鄭柚鎮［編著］

青弓社

軍事的暴力を問う——旅する痛み／目次

第1部　軍事的暴力に関わる言葉

第2部　廃墟の予感

第3部 旅する痛み

終章　旅する痛み
——新たな言葉の姿を求めて

冨山一郎 263

装丁——Malpu Design［清水良洋］

序章　ポストという「まだ見ぬ地平」へ
――痛みをめぐる議論に着目して

鄭柚鎮

1　「うんざり」感、あるいは「語りえぬことを語ることについて」

「もう、うんざり」という言葉が飛び込んできたのは、一年ほど前の論文執筆に関する相談を受けたときだった。

「毎年学期末のテストとかレポートとかで慰安婦問題や植民地支配責任の取り方について論じなさいという問題には、ほんとうに、うんざりしました。ぼくは、戦後生まれですし、国を代表するような立場でもないし、性別も、国籍も違うのに責任をとるとは、どういうことでしょうか。もう、うんざり」

レポートを提出することだけで学部を卒業したため、修論が人生初の論文になる、どう書けばいいか非常に不安だという旨の話の途中で、さりげなく出された「うんざり」という感覚。

歴史教育の問題といってしまえばそれだけの話かもしれないが、彼の言葉は、ポストコロニアルという空間での知識のあり方や知の意味作用に関わる問いかけのような気がしてならなかった。「うんざり」という感じ方、その認識があらわにしているのは、責任が問われることが問題ではなく、それが問われる手前という段階での理詰めのなさ、それに関わる不可解さであるように思えた。

あのときの「うんざり」という感覚は、偶然私が担当するゼミで登場したわけだが、「慰安婦」問題を考えることで「現代の日本人がなにか得するのか。得るものはあるか[1]」という類いの問いはそんなに目新しいことでもない。

どう答えればいいだろう、ゼミも学期も終わったものの、ずっと、未提出の課題が残されているような気持ちにかられていた。

時間はたってしまったが、本書は私にとって、自明の理のごとく提示されてきた責任の取り方を題とするレポートの提出に悩まされてきた院生の問いかけに対する一種の返信である。

彼が「うんざり」という言い方で吐露しているのは、戦後生まれで、日本国籍で、「男性」であるという偶然性と接点の見えない責任言説の問題だったかもしれない。

もしかしたら、彼は、性別や国籍も異なる元「慰安婦」たちにどういうふうに語りかければいいかを問い続けたかもしれない。

彼にとって、どういう責任の取り方が正しいかどうかは二次的な問題であって、まずは、あたかも責任を果たす、果たせることが当たり前のことのように語られてきた大学という知的環境のありきたりさに「うんざり」したかもしれないのだ。

「慰安婦」たちとは性別も国籍も違うと言うのも、責任という重大な領域に寄り添うためには、どうしても現実の差異を、位置を確認する必要があったからかもしれない。あえて異なる点を取り上げるという構え方、あるいはあのとき口にした「うんざり」感は、「慰安婦」との関係の拒絶というより、すでに関わっていることを知っていてもう逃げ場などはないことに気づいてしまったという身体感覚の表明であったかもしれない。

植民地時期、朝鮮の女性、「慰安婦」といった制度による被害者、組織化された性暴力の被害者、かなりの距離を感じざるをえない人とどういうふうに付き合えばいいのかを迷うとき、彼は、まず自分自身の居場所の確認作業にとりかかり、戦後生まれの、日本国籍の男性であるというように自らを名乗ったのだ。

このとき、戦後、日本、男性という記号は、差異を差異として定めるために用いられたものではなく、関係を見つめ直すための、一装置として機能することになる。「境界線としての差異」は、うんざり感を起点とする認識の始まりを、これまでとは異なる関係の生成を暗示するしるしであるのだ[2]。

「「沖縄問題」を植民地主義にかかわる問いとして考えることは、すぐさま植民地主義という言葉をそこに適用することではない」という点に注意をはらう冨山一郎は、「差異は、植民地主義の対立構造を描く区分線ではなく、いいかえれば、対立の前線あるいは双方の陣地の区分としての限界ではなく、対立構造自体において隠され続けていた境界という新たな場所[3]」だと考察する。

対立構造自体に隠され続けてきた「場所」を摸索する試みは、「戦後史と私」というテーマで「語りえぬことを語ることについて」という題の短いエッセーを書いた安丸良夫の責任をめぐる議論でも述べられている。

戦争責任や従軍慰安婦のような問題が私たちをたじろがせる理由はいろいろあるが、ここではそれがとうてい「責任」をとったり、「補償」したりしえない類いの問題だ。（略）「責任」とか「補償」とかといってみても、死者は生きかえらないし、「従軍慰安婦」が健康な青春をとり戻せるわけではない。時間に原理上、過酷な性格があって、過ぎ去った過去は過去として受けとめる以外に術がない。（略）どんな権利や資格があって、歴史家はそのような役割を引きうけることができるのだろうか。（略）けっして償いえぬ問題としての戦争責任や「補償」について言及し続けるというような、考えようによっては限りなく無責任なことを、歴史家はなぜ主張しうるのであろうか。戦争責任について論じようとすれば、そのことを論じうるための前提としての「責任」ということの論理や倫理について、もっとよく考えてみなければならない[4]。

安丸は、責任は取れるものだという判定、あるいは取るべきだという主張、あるいは責任の取り方の一つが補償だというある種の定義をおこなう議論から一定の距離を置き、「死者は生きかえらない」、もとどおりにはならないという一線を明確にしたうえで、「語りえぬ」責任について語る「歴史家」の「論理」を論点として取り上げる。

「過ぎ去った過去は過去として受け止める以外に術がない」にもかかわらず、補償を論じることの「無責任」さ、戦争責任を言及し続けられる「資格」を問うことを通して、責任は取れる／取れない、またはこれが責任の取り方だ／それは責任の取り方ではないといった「対立構造自体に隠され続けていた」新たな知のありかを探ろうとするのである。

自分が置かれた状況を確認する際に登場した「戦後生まれの日本男性」という線引きの言葉、「「従軍慰安婦」が健康な青春をとり戻せるわけではない」がゆえに戦争責任は「償いえぬ問題」だという表明。そうした彼らのまなざしや試みは、責任という形を論じる前に整えるべき知的地ならしはどうなっているかを問うている。と同時に、責任を問う者と問われる者といった、従来植民地主義を成り立たせてきた二項対立主義を取り上げ、責任言説でのステレオタイプの問題を提起する。

加害者vs被害者、植民者vs被植民者という一方的見方や一方的関係を前提にする議論に疑問を付し、それとは異なる論議の運び方を求めるのである。過去の暴力について何らかの形で応じ答えるとは、事後的な営みであることはいうまでもないし、そのため、ある意味極めて限定的な話にならざるをえない。

しかし、事後という現在性の意味、つまり「対立構造自体に隠され続けていた」世界を検討する作業は、事後でしか語れない。だとしたら、その営みは限定的であるというより増殖的・拡張的なことになる。責任とは、ある出来事の結果に対する応答的（一方的）意味をもつというより、これからどうなるかわからないといった想像の、探索の、緊張の始まりとなるのだ。

安丸の考察のとおり、「過ぎ去った過去は過去として受け止める以外に術がない」が、その受け止める知を模索する議論過程を取り上げることを通じて、「過去」はすでに別物として登場することになるだろう。

2　旅するという動詞

前述したように、本書では、責任を論じる過程で、責任を問う者と問われる者という二項的関係があたかも固定しているかのように論じられる文脈、二分法的ロジックやイデオロギーが強化される文脈に留意しながら、その文脈にはたらく痛みという一つの要素に注目する。

相違する身体感覚（知り方）や社会的な体（mindful body）の差異に伴うせめぎ合い、この葛藤や隔たりが意味をもつのは、差異という境界自体が新たな関係を生成する媒介としてはたらきうると考えるからである。差異が存在しなければ、いや差異の存在を見過ごしてしまうなら、同一化や均質化という抑圧が生じ、関係ということは成立しづらくなる。

差異の重要性は、異なっているという区分、その境界線にあるのではなく、境界線自体が崩されたりずらされたりするなかで別のことが見いだされるところにある。そうした意味からすると、引き直された境界線によって、関係とは散乱的状態になるともいえるだろう。

傍点は、差異だけを強調することでなければ、差異の存在を確認することでもなく、せめぎ合う場所としての差異にどのように介入していくかという点にある。

「旅する痛み」というタイトルの強調点は、痛みという因果的意味をもつ名詞でなく、旅するという動詞、その過程性にある。本書の目的は、痛みの重要性やそれの尊重を主張することであるというより、痛みの意味作用する文化的な文脈が、絶えず変化し続けている点を前景化することにある。[5]旅するというプロセス、旅先に向かう過程で変わっていくこと、痛みを体験する文脈の流動性を検討するために、まずもって、ジュディス・バトラーの *Bodies that Matter*「問題＝物質となる身体」をめぐる議論に着目する。

「問題＝物質となる身体」にポイントを置くのは、痛みという社会的感情を、生きている認識を「沖縄の」「広島の」「慰安婦被害者の」「性暴力被害者の」というふうに所有格をつけて確定ずみのものにし動かぬ論拠にする知識の秩序を問題化し、痛みの意味作用する文脈を再考するためである。そうした営みは、痛みを根拠としてではなく、ある起点として捉え直す、あるいは事後というこ とを関係の意味を改める作業ともいえるだろう。

ポストコロニアル理論でのポストという意味を「後（after）」でなく、「異議がある（anti）」「越える（beyond）」「通して、別の場所へ（trans）」と捉える際に、浮かび上がる世界は、別な解釈を通して（trans）見いだされる新たな場であり、それは事後という現在の可能性ともいえるだろう。「うんざり」感であれ「語りえぬこと」を語ってしまうことに対するいらだちであれ、何かを感じることが意味として登場するときに、感じる者の経験や感情がすでに媒介になっていくことへの知覚、この知覚を再解釈する作業を通して事後性の意味は、「語りえぬことを語ること」の意味は、変わっていくだろう。

「動かし難い現実を変わりうる現実として知るという営み」は、普遍的な理念や設計図の作成の問題ではなく、個別的・具体的に内在する、ありえたかもしれない別の可能性、「別の場所へ(trans)」としてのポストへの捉え方、その感知力や感受性に関わっている。[6]

またこの点は、「前提として自然化され存在が、まさしく動因として登場することを、どこまで想像できるのかという問い[7]」でもあるだろう。

バトラーの *Bodies that Matter* を「問題なのは身体だ」という訳から「問題＝物質となる身体」へ書き直し、主体構築にあたって身体が問題化され、そして「所与の物質」とみなされていく権力の操作的側面を喚起した竹村和子は、「研究する」という営みに「別の場所へ(trans)」という変「態」の熱望を込めている。[8]

研究とは、「まだ見ぬ地平」を探ることだと思います。「まだ見ぬ地平」とは、研究対象であり、かつ自分自身のことです。人文系はとくに自分自身が重要だと思います。なぜある問題に興味をもつか。それは、それに反響している自分がいるからです。そのときどきに論文として発表するものは、たとえ稚拙なものであろうとも、自分を押し広げるという意味で、大きな可能性を秘めていると思います。[9]

竹村が、調べ尽くし的な「おさらい」や「復習」を固く拒み、「研究対象」と「自分自身のこと」を「まだ見ぬ地平」として求め、絶えず研究対象に語りかけ「それに反響している自分」に注目したのは、「自分を押し広げる」というプロセスに、その知の可能性に研究する意味を見いだそうとしたからだろう。

研究は一つひとつの論文の集積です。（略）極端な言い方ですが、「書かれたものしか、考えられていない」とさえ、わたしは思っているのです。いろいろ思いつきがあっても、それを表現し得たときに、その人の思考が出てくるのです。その過程が思考を形成するものだと思います。[10]

竹村にとって「書かれたもの」という結果やその出来栄えはある意味副次的なことだった。彼女がかけたのは、論文の完成度でなく、「思考が出てくる」、それを書き留めるという行為過程での身体の変容、そのとき垣間見える飛躍の、別の場所への移動の可能性だった。

竹村が名付けたタイトルのとおり、それは「危機的状況のなかで文学とフェミニズムを研究する意味」だったのである。

「*Bodies That Matter*（ジュディス・バトラー）：「問題＝物質となる身体」」、Matter は「問題化する」という動詞としての意味と「物質」という名詞としての意味があり、バトラーはこの二つをかけている」という点を明示し書き直したのを文章で残したのも、Matter の「問題化する」という動詞と「物質」という名詞の意味を再三確認することが「思考を形成する」という変容の意味をさらに前景化しうると判断したからだろう。

旅するという動詞に傍点を置くのは、竹村が「研究する」という営みを通して試みる「まだ見ぬ地平」への可能性、研究対象を研究するプロセスのなかで反響していく者の変態性、その事後的な知の可能性である。[11] 冨山一郎は、その点を「遅れて参加する知[12]」の問題として考察する。

そうした議論や研究活動、運動過程のなかで、痛みは旅し続けることになり、「○○の」痛みといった所有格自体が崩れていき、区分としての境界線は揺れ始める。

痛みを体感する文脈そのものが危機に晒され、痛みの意味作用が変わるのである。痛みが述べられる状況が、痛みを記憶する身体が、痛みにまつわる関係が変わっていくのである。

3 「問題＝物質となる身体」へ流－着

「「沖縄問題」を植民地主義にかかわる問いとして考えることは、すぐさま植民地主義という言葉をそこに適用することではない[13]」という視点に基づいて展開される冨山の脱植民地化に関する考察は、まさしく痛みの動詞的性格に着目した議論である。

すぐさま植民地主義という言葉を「沖縄」に適用してはならないのは、適用するという行為自体が、痛みに関わる経験を限定された人々に、あたかも宿命であるかのように個人化・本質化する形で委ねたうえで「政治的スローガンとともに痛みを語る」ことを「構図」として繰り返すからである。またそれが善意や良心、あるいは正義という名のもとでおこなわれているという点も争点の一つである。

冨山は、そうした繰り返し自体が「沖縄問題」を構成していくと分析し、「問うべきは、現勢化しようとする別の現実であり、その現勢化に恐怖し、再度立ち入り禁止の境界を力づくで設置しようとする展開である」、また「ポストコロニアリズムとは、現勢化と現勢化を鎮圧する暴力的な事態」であると論じる。(14)

自らの現状が言葉と暴力が拮抗する地点を通過しているという知覚に基づく「現勢化と現勢化を鎮圧する暴力的な事態」としてのポストコロニアリズムに対する提起は、暴力の問題を他人事でなければ、予防できるものでもなく、介入すべき状況として捉える冨山のまなざしに重なり合っている。

またそれは、ポストコロニアルなスタンスとは、個別的・現実的な場からの発信であるとしながらも、「その場を既存のカテゴリーで説明したり叙述したりすることができないようなスタンスである」という竹村の考察でもある。植民地主義を問う作業とは、既存の知の枠組みにどのような亀裂を入れるかという企図がポイントになるのだ。(15)

現実的・個別的発信だが、既存のカテゴリーで叙述しえないという竹村のスタンス、あるいはすぐさま植民地主義という言葉を「適用」してはならないという冨山のまなざしは、良心的であろうと、また学術的であろうと、「知識人の解説はこの帝国の文書ファイルの近傍にある」(16)といった知覚、結局のところ「現勢化と現勢化を鎮圧する暴力的な事態」に対する追認であるしかないという理解を表す。

検討しなければならないのは、「何を記憶し、また忘却すべきかを「かわりに語る」、その語りの位置」「記憶や忘却を指し示すことができる発話主体の定置[17]」であり、「個人化され、他者化され、ファイルに収まった者たちが沈黙を破って再び言葉を語り始める別の言葉の水脈[18]」である。

発話が自由であるための特権的な場所があるかのように、あたかも超越的／普遍的な主体が存在するかのように、解説される知は、不本意ながらも、変わりうる現在の可能性を抑圧する現の暴力に加担する機制とはたらくことになるからである。

冨山の洞察のとおり、「暴力に曝されていることにかかわる「身構える」ということが、時間性においてまず登場するとするなら、痛みにかかわる「巻き込まれ／引き受ける」（流着する）ことは、どちらかといえば空間的である。それはまた、他者の場所への移動を、空間を再構成する始まりとして確保する知覚[19]」である。

戦後生まれで、日本国籍の「男性」であると述べるときに出された「うんざり」感、「語りえぬことを語ること」へのいらだちは、取り戻せないことを取り戻そうとすることに介入する途上に伴う身体変容の兆候である。

あたかも定められているかのように提示される責任問題に「うんざり」感を覚えながらも、補償について言及し続ける者の「無責任さ」に警戒感を表明しながらも、彼ら自身も責任と呼ばれる領域を引き受け、また巻き込まれていくのである。

異なる身体から生まれたそれぞれの感覚は、もうもとどおりにはなれないといった諦念的知覚は、差異とともに、あるいは差異という隙間を通して、その回路を経て別物になっていく。責任をとれるかどうか、問うか問われるかという議論の展開とは異なる批評空間へ、議論関係へ向かうのである。

暴力は新たな暴力を承認すると同時に、暴力の痕跡と現在の暴力の存在を否認する。だから平和を作るとは、幾重にも折り重なった否認の構図を、一つ一つていねいに問題化していく作業なのである。こうした作業の中で暴力の痕跡は再度編集しなおされ、現在の暴力は顕在化される。そして暴力により構成された時間と空間が溶解し出すとき、この世界とは異なった新たな社会性が見出されるに違いない。それを平和と呼ぼう[20]。

「新たな社会性」としての平和に関する冨山の考察は、「脱植民地化という「大きな物語」では、植民地の解消どころか、むしろ抑圧を生む危険性がある」、「植民地主義を成り立たせ、推進し、現在も徘徊している植民地主義の言説を問い直そうとする作業」は「個人の運命や人生、感受性、身体観までも形成してしまっているきわめて個別的な政治的出来事である[21]」という竹村の論考と連動している。

ポストという別の場所へ向かう「暴力により構成された時間と空間」としての身体に、「問題＝物質となる身体」の変容に注目しそれの可能性をポストという「まだ見ぬ地平」の可能性として捉えるのだ。
「書かれたものしか、考えられていない」とまでを断言する竹村が確保しようとしたのは、「思考が出てくる」過程での変化、研究対象も研究する者も変わっていくときに紡ぎ出される関係のことである。
　またそれは、「痛みにかかわる「巻き込まれ／引き受ける」（流着する）こと」を「空間的である」とし、「他者の場所への移動を、空間を再構成する始まりとして確保」しようとする冨山の営みでもあるだろう。
　この際、痛みとは、所有格につけられた判定ずみのモノでなく、身体らの間を浮遊する生き物である。身体の痛み、痛みを記憶する身体は変化しながら、「所有格に位置する主体の融解[22]」という旅に立つ。「問題＝物質となる身体」へ流着を繰り返し「他者の場所への移動を」摸索するのだ。
　植民地主義を成り立たせ、この瞬間でも「徘徊している植民地主義の言説」を問題化する営み、『『発話が自由であるための特権的な場所があるかのごとく』解説するのではなく、『予めの排除によってひかれた境界』を引き直す」批判的作業は、関係の再（re－）構成という利害関係の変動を伴うがゆえに、いうまでもなく量りきれない「暴力的な事態」である。[23]
　だが、しかし、さらに重要なのは、それが事態という点で極めて状況的なことであり、そのため、受動性と能動性が重なり合う時空が、隙間がつきまとうことになるという点である。[24]
　どのような現勢化に身を置くか、あるいはどのような現勢化に向かうか、問いは続く。[25]

4　ポストという生成の場所へ、チラシのような関係へ

「ゲート前だけ書いても郵便物が届くようになったのよ」という友人の言葉のためだろうか。正確な住所がなくても郵便物が届くようになるまでの運動を支えてきた人々の網の関係が一瞬輪郭をもって浮かべたためだろうか。

私にとって七年ぶりだった沖縄、二〇一五年三月に訪ねた辺野古の「ゲート前」は、さまざまなチラシがせめぎ合う、さまざまなエネルギーが響き合う、ビラの世界だった。(26)

表面には「米軍基地のこと　辺野古移設のこと」というタイトルが書かれ、裏面には「国土の〇・六%に七四%の基地」「沖縄の米軍基地の現状　米海兵隊は日本本土から来た」という見出しの、色鮮やかに海の生き物たちを前面に出した名護市からのパンフレットのような立派なチラシから、端切れのようなよれよれ感たっぷりのチラシまでが仲良く散乱する場、チラシがふぶく生成の空間だった。

とりわけ、「あまりにもひどい沖縄と日本の関係を少しでも変えていきたいという思いから集まった練馬区民のグループで」あると、「〈語やびら〉は「語り合おう」、〈もあい〉は「寄り合い、集まり、〇〇会」という意味。さあ〈もあい〉しよう」と当会を紹介する「語やびら沖縄　もあい練馬」からのA4判半分くらいの黄色いチラシに目が留まった。

「抗議船上で、カメラを持つ女性に馬乗りになる海上保安官＝二十日午後二時三十五分、名護市の大浦湾『琉球新報』二〇一五年一月二十一日号」という説明が付いていなかったら、私はこのビラの左側に掲載された写真の意味を理解するのに苦しんだかもしれない。この小さなチラシの裏側には次のような言葉が書かれていた。

在日米軍基地の七五％が集中する沖縄。そのコストはすべて日本政府が負担しています。（略）圧倒的な県民が**「これ以上の基地負担はイヤだ、NO!」**といっています。**問われているのは、本土に暮らすあなたであり、私たちなのです。**（強調は原文）

「問われているのは、本土に暮らすあなたであり、私たち」だという言葉を、何度も何度も繰り返し声を出しながら読んでみた。

「語やびら沖縄　もあい練馬」会は「これ以上の基地負担はイヤだ」という感覚を、「本土に暮らすあなた」に向けて力強く発信しながらも、「あなた」と「私」の関係を確定ずみのものにせず、絶えず絶えず問い続けているように、再構成を求めているように思えた。

問われているのは「本土に暮らすあなた」だが、その「あなた」はこれから生成するだろう「私たち」でもあるという力説は、「これ以上の基地負担はイヤだ」という声に「沖縄の」という所有格を付けて論議のよりどころにする、基地問題を「沖縄問題」にすることを拒絶する。

あなたと私といった境界線は常に動揺していることに対する凝視は、「沖縄問題」が構成される過程に介入している。

竹村は、トリン・T・ミンハの論考に対して以下のように述べる。

語るとは、何かについて私が語ることではなくない。私はそのそばに寄り添い、何かが私と呼応しあい、私を通して語る行為の中で立ち現れてきて、語るのだ。それは「私」と「私でないもの」との境界を曖昧にし、空(くう)を現実として出現させることだ。[27]

本書は「旅する痛み」をめぐる議論を通して、竹村がいう「「私」と「私でないもの」」との境界を曖昧にし、空(くう)を現実として出現」することを前景化しようとした。ポストというこれまでとは異なる場所の意味を変容する身体の問題、それの関係として表そうとしたのである。

「空(くう)を現実として出現させる」という営みのなか、「私自身をどこか別の場所へと送り届け、そうして一種の所有としての自己充足的な「私」を無効にするチャンス[28]が訪れるかもしれない。

またそれは「人間が人間的世界の理想的存在条件を創造することができるのは、自己回復と自己検討の努力によってである。己の自由の不断の緊張によってである[29]」というフランツ・ファノンが「白い倫理」「白い知性」に身構える際に浮かび上がらせた関係のことだろう。[30]

問われているのは、痛みとは何かという真の意味究明でなく、「寄り添い」「呼応しあい」という過程で見いだされるかもしれない「主体の融解」という旅、あるいは多層的当事者へと変容、遅れて参加する知の可能性ではないだろうか。

本書がこのような議論のための、一種の起爆材として機能するのを願うだけである。チラシがふぶくような散乱する関係へ、「まだ見ぬ地平」へ向かう途上の旅人に読んでいただきたい。

注

(1) 二〇〇四年四月から翌年三月まで大沼保昭が毎日新聞社の岸俊光と外務省の小原雅博氏の協力を得て東京大学の法学部と公共政策大学院の合併ゼミとしておこなわれた「『慰安婦』問題を通して人間と歴史と社会を考える」のをテーマとした授業での講演。和田春樹「歴史家は『慰安婦』にどう向き合うのか」、大沼保昭／岸俊光編『慰安婦問題という問い――東大ゼミで「人間と歴史と社会」を考える』勁草書房、二〇〇七年、四二ページ

(2) 境界線としての差異という表現とその問題意識は、トリン・T・ミンハの考察に負っている。トリン・T・ミンハ『女性・ネイティヴ・他者――ポストコロニアリズムとフェミニズム』竹村和子訳、岩波書店、一九九五年、河原崎やす子「トリン・T・ミンハ『女性・ネイティヴ・他者』」、江原由美子／金井淑子編『フェミニズムの名著50』所収、平凡社、二〇〇二年、三八五―三九三ページ

(3) 冨山一郎『流着の思想――「沖縄問題」の系譜学』インパクト出版会、二〇一三年、八〇ページ

(4) 安丸良夫「語りえぬことを語ることについて」、永原慶二／中村政則編『歴史家が語る　戦後史と私』所収、吉川弘文館、一九九六年

(5) デイヴィド・B・モリス「第十二章　痛みの未来」『痛みの文化史』渡邊勉／鈴木牧彦訳、紀伊國屋書店、一九九八年、四六二ページ

(6) ジャン゠フランソワ・リオタールの『ポスト・モダンの条件』の「この研究が対象とするのは、高

度に発展した先進社会における知の現在の状況である」という序の最初の部分、またはこの本のサブ・タイトルが原文で《Rapport sur le savoir》（知についてのレポート）である点を喚起する必要がある。リオタールは、真理、自由といった「大きな物語」に対する批判と認識の安定性に対する危機を論じ、欧米が独占していた単一の主体による単一な時間に対する省察をおこなう。「科学的知」が、「最良の場合には、この暗黒状態に光を投げかけ、文明化し、教化し、開発しようと努力することになる」という点を危惧し、文化帝国主義が正当化の要請によって支配しているというはたらき方を強調する。ジャン＝フランソワ・リオタール『ポスト・モダンの条件――知・社会・言語ゲーム』小林康夫訳（叢書言語の政治）、水声社、二〇〇三年、七二ページ

（7）冨山一郎「躓くということ――『トウモロコシの先住民とコーヒーの国民』（中田英樹著）」「インパクション」第百九十一号、インパクト出版会、二〇一三年、一二〇ページ

（8）竹村和子「訳者あとがき――理論的懐疑から政治的妥協へ、あるいは政権と理論」、サラ・サリー『ジュディス・バトラー』竹村和子訳（シリーズ現代思想ガイドブック）、青土社、二〇〇五年、二九七ページ

（9）竹村和子「危機的状況のなかで文学とフェミニズムを研究する意味」、小森陽一監修『研究する意味』所収、東京図書、二〇〇三年、一五八ページ。以下の二つのウェブサイトに掲載された冨山の論考も参照されたい。冨山一郎「視ているのは誰なのか」（「火曜会」〔http://doshisha-aor.net/place/365/〕、「WAN」二〇一四年九月二十五日〔https://wan.or.jp/article/show/1385〕［二〇一八年三月十六日アクセス］）

（10）前掲「危機的状況のなかで文学とフェミニズムを研究する意味」一六〇ページ

（11）たとえば、以下のような問題意識に基づいての議論の展開は極めて重要である。「水俣においてチ

ッソによる傷害・殺人事件」との闘いをし続けてきた緒方正人は、この困難さに真正面からぶつかりながら、別の身体性を、別の社会性を求めようとした。緒方は、その混沌から生まれた身体の変容過程とその過程に伴う苦痛を「狂い」と名付け、水俣病を彼自身の身体性に関わらせて見据える。「責任がとれないということの痛みにうたれて生きる」「生きている限り、(水俣病が)「終わった」とは言わない」と語り続け、変容していく自分自身を、絶えず見つめ直す。緒方正人(語り)/辻信一(構成)『常世の舟を漕ぎて――水俣病私史』世織書房、一九九六年、一〇二―一一一ページ

(12) 冨山一郎「共に考えるということ――動詞的思考、あるいは遅れて参加する知のために」「火曜会」(http://doshisha-aor.net/place/366/)[二〇一六年三月十六日アクセス]

(13) 前掲『流着の思想』一二一―一三ページ。痛みをめぐる冨山一郎の一連の考察は、ある意味一貫して展開されてきた。冨山は、集団自決で死に向かった人々に対し、「あくまでも主体的に死を選択したといい、そこに倫理的価値を設定する」曾野綾子の主張に反対し、集団自決に向かった人々の死を、「皇民化教育の結果だ」と言い切ってしまうことは、彼らが立ち止まっている瞬間の地点を見失うことになることに強調点を置き、「そのとき彼らは何を見たのか。曾野綾子の企てと対決するには、かかる地平が確保されなければならない」と論じる(冨山一郎『増補 戦場の記憶』日本経済評論社、二〇〇六年、六〇ページ)。

(14) 前掲『流着の思想』一三ページ

(15) 竹村和子「ポストコロニアルスタンス――トリン・T・ミンハを読む」、竹村和子、河野貴代美/新田啓子編集『彼女は何を視ているのか――映像表象と欲望の深層』作品社、二〇一二年、二六八ページ

(16) 前掲『流着の思想』二一七ページ

(17) 前掲『増補 戦場の記憶』一四八ページ
(18) 前掲『流着の思想』二一七ページ
(19) 冨山一郎「予感と流着――ファノンを読むということ」「〈古き現在、異なる歴史のために〉冨山一郎教授招へい講演会資料集」ソウル：成均館大学、二〇一五年一月二十二日―二十三日、一〇ページ
(20) 冨山一郎「平和を作るということ」、前掲『増補 戦場の記憶』二四七ページ
(21) 前掲「ポストコロニアルスタンス」二六八ページ
(22) 前掲『流着の思想』九ページ
(23) 同書二二〇ページ
(24) 知の問題を「業績」や「社会的な影響」などに矮小化せず、「身体レッスン」というプロセスとして、「知それ自体が他者との関係性や集団性にかかわる行為遂行的な営み」として、「意味作用」として捉えようとする冨山の視座はその点に関わっている。それは思想の身体性ともいえるかもしれない。前掲『流着の思想』三七二ページ
(25) 竹村は「自己参照性が求められる」という言い方でそうした状況を突破しようとする。「言語は、わたしたちの認識や身体把握そのものですから、既存の言語のそとに出ることはできないはずです」「以前よりもさらに注意深く、みずからの批判力を検証していく自己参照性が求められると思います」（竹村和子「フェミニズムの今」「言語」第三十一巻第二号、大修館書店、二〇〇二年、八三ページ）
(26) 鄭柚鎮「軍事的暴力に抗するということ――「平」と「和」の言葉を求めて」（「越境広場」第一号、越境広場刊行委員会、二〇一五年）を参照されたい。
(27) トリン・T・ミンハ『女性・ネイティヴ・他者――ポストコロニアリズムとフェミニズム』竹村和

子訳（岩波人文書セレクション）、岩波書店、二〇一一年、二五〇―二五一ページ

(28) ジュディス・バトラー『自分自身を説明すること――倫理的暴力の批判』佐藤嘉幸／清水知子訳（暴力論叢書）、月曜社、二〇〇八年、二四八ページ。それは、「私はひとが私の〈欲望〉を起点として私を吟味することを要求する」「私は〈存在〉を乗り越える限りにおいて〈存在〉と連帯している」というファノンの切望、「新たな人間」への期待でもあるだろう。フランツ・ファノン『黒い皮膚・白い仮面』海老坂武／加藤晴久訳（みすずライブラリー）、みすず書房、一九九八年、二四八ページ

(29) 前掲『黒い皮膚・白い仮面』二四九ページ

(30) 前掲『流着の思想』、とりわけ第二章の論考を参照されたい。鄭柚鎮「チリの闘い――「自分自身を説明すること」、あるいは同士という関係の言葉」「RONDO 論堂」第一号、同志社大学グローバル・スタディーズ研究科、二〇一七年、一一二―一一四ページ

第1章　言葉の始まりについて

冨山一郎

1　平和を作る

十年以上前に、那覇で平和学会が開催されたとき、平和教育に取り組んでいる人からこんな話題が出た。県外からやってきた人々が沖縄戦を体験するために当時住民が避難していたガマ（壕）の中に入り戦争の恐ろしさを味わった後ガマの外に出ると、目の前に米軍基地のフェンスが広がっており、そのフェンスの傍らで人々が、「平和でよかった」と平和学習の感想をもらすというのだ。かつての戦争を知るということが、現在進行している戦争を前にして「平和だ」といわしめる。あるいはそれは、勝手に戦争を過去の出来事にしているといってもいいのかもしれない。ここに日本の戦後が浮かび上がる。

平和を語ることが今も継続する軍事的暴力を見えなくしてしまうことが、しばしばある。ここでいう軍事的暴力とは、単なる戦争状態ではない。路上に戦車が駐留する戒厳状態や、軍事基地における武装ヘリの待機状態も含まれる。また、重要なことは、自らの生がこの待機状態の暴力に晒されているという身体感覚だ。そして平和という言葉は、こうした戒厳状態や身体感覚とともに生み出されなければならないのではないか。いいかえれば、日本の戦後を憲法に守られた平和な時代と述べてしまう瞬間に、思考の外に放り出されてしまうのは、この不断に暴力に晒されている領域なのではないか。この領域からすれば、戦後は平和ではない。本章で考えたいことは、この暴力に晒されている領域から言葉を開始するということがいかなる営みなのかという問いだ。戦争を語ること、あるいは平和を語ることは、こうした暴力に晒されている領域を思考の外に置くのではなく、そこから平和を作り上げることとして検討されなければならないのではないだろうか。平和は守るものではなく、作るものなのだ。[1]

ところで軍事的暴力を問題にする場合、しばしば証言者の位置に立たされる人々がいる。軍事的暴力あるいは平和は多くの場合、この証言者の証言を根拠に議論されるのだ。そこで平和を語る者たちは、いつも証言をジャッジする位置に自らを据えようとする。正しく平和を語ろうとするのだ。また、こうした正しいジャッジにおける証言と審判の構図においては、事実が証言者の現実に密着した生の声であればあるほど、その声を根拠に登場する社会的意味は正当化されることになる。乱暴にいえば、平和を語る者たちは、生の声を誰が一番先に正しく意味づけるのかを、競い合っているのだ。この競い合いは、正しい審判を担う正しい自分であろうとする自己保身であり、その自己保身は、自らの正しさに根拠を与えてくれる体験者を選別することにもつながるように、私には思える。しかし平和を作るということにおいて重要なのは、平和の正しい定義でもなければ理念でもない。この証言と審判の関係が、まずは問われる必要があるのではないだろうか。

一九九五年に亡くなるまで嘉手納基地のフェンスの横で生活し続けていた松田カメさんにとって、戦争は爆音とともに感知される日常だ。嘉手納を発着する戦闘機の爆音は、サイパンで体験した艦砲射撃と重なっているという。「いつ平和になってくれるのかねえ」[2]。この彼女の言葉は、平和な戦後ということでもなければ、ずっと戦場だということでも言葉が足りないだろう。あえていえばそれは、忘れることはできないが、忘れていないと生活できない日常にかかわる言葉ではないだろうか。また先取りしていえば、忘れることができないということこそ、暴力に晒されている日常を感知する神経系を確保することになるだろう。

だいぶ前のことだったが、テレビをつけると歌手の Cocco が何かのライブで話をしていた。歌の合間に語るその話は、沖縄戦にかかわることだった。彼女の祖母は、自らが体験した沖縄戦の話をしなかったという。また彼女に「知らなくていい」ともいっていたという。そして不意に飛び込んできた Cocco の言葉に、私は釘づけになってしまった。「忘れたいことと、忘れることができないことは同じ場所にある」。

忘れることができないのは、戦争による傷が深いからではないかと考える。また忘れたいのは、日常を生きていくためだとも思う。生き延びるためには、忘れるしかない。しかしそこには、覚えていることを受け入れない現実が、すなわち覚えていては踏み出すことのできない時間の流れがすでに想定されている。そしてだからこそ、忘れることができないということは、この進んできた現実に抗うことでもあるのだろう。Cocco のいう「同じ場所」とは、生きてきた現実とその現実の中で待機している現実批判が重なり合うことを示している。この場所から何が始まるのだろうか。本章では平和を作るということを、こうした現実と現実批判が重なり合う場所にかかわる言葉から、考えていきたい。

2　言葉の停留と始まりについて

まず前述した「同じ場所」が示唆する、軍事的暴力にかかわる言葉の在処を念頭に置きながら、沈黙ということを考えてみたい。ここでいう沈黙とは、押し黙った状態ではない。何かを語らないことは、同時に饒舌な発話であったりもする(3)。その饒舌な言葉は、語らない領域を縁取るように流れていくだろう。いま沈黙をこの饒舌な言葉たちとの関係において考えるならば、二つのことがまずは重要になる。一つは語らないこと、あるいは語ってはいけないこと、もう一つは語れないことである。この二つは、語る主体と沈黙との関係において区別される。語らないことあるいは語ってはいけないことは、この語る主体によってなされる意識的行為の結果であり、そこにはこの主体にかかわる規範的判断が存在する。それに対して語れないことは、語る主体を成り立たせている前提にかかわる問題であり、ある領域を言葉の外に予め排除することにおいて、語る主体が成立することを意味している。前者が言葉にかかわる規範的秩序であるのに対し、後者はその秩序そのものの前提に他ならない。

あるいはそれを検閲という制度にかかわらせていえば[4]、前者が意識的な行為としての語ることに対する検閲という制度による言葉の内容に対する審判にかかわることであるのに対し、後者は言葉の内容ではなく言葉自体にかかわることであり、言葉として見なされないがゆえに検閲という制度の外におかれる領域である。そしてこれから考えたいことは、この語らないことと語れないことの概念的区分ではない。そうではなく、両者をギリギリの近似した位置においてみることだ。

そこでは、言葉の外部であるが語らないと判断するという主体の在り方が、想定されるだろう。それは言葉の外部である語れないことを抱え込むことであり、主体の外部に予め排除された領域を、主体との関係において別物にかえていくプロセスであるともいえる。またそれは、内容については語れないが、語ってはいけないことだとする主体のありようであり、語らないということにおいて、語れないことが言葉によって縁取られることなのかもしれない。

こうした主体のありようは、言葉において確保された主体の新たな始まりであるともいえる。すなわち語れないと語らないが近似することとは、言葉と主体が新たな関係を作り出すプロセスでもあり、そこでは語らないということが、既存の秩序の反復あるいは検閲制度の維持ではなく、いかなる言葉の在処を新たに確保するのか、あるいはいかなる言葉が創造されるべきなのかという問いとして浮かび上がることになる。あるいはこのプロセスは、「予めの排除」において主体化された者たちが、言葉の外部、すなわち言葉のないモノの世界へと変態していくことであり、同時にその変態が新たな言葉との関係において確保され続けることなのだ。

そして語れないことが言葉の外部にかかわる以上、語る主体がこの外部に向かう時、言葉はまずは停止することになる。しかしその停止は、語れないと同時に語らないのだ。したがってその停止は、すでに始まりであるといえるかもしれない。すなわち、固定された主体における語らないから語りだすことへの直線的な転換ではなく、言葉と主体の新たな関係こそが、始まりの要点なのだ。したがってこの言葉の停止は、関係性の転換を伴うという点において、すでに始まりなのであり、その時停止した言葉は、既存の言葉とは別の姿をとって停留している。沈黙とはこの停留であるかもしれないのだ。

ところで語らないという規範的秩序は、たとえそれが普遍的な倫理性を帯びていようと、ある種の空間性をもつ。すなわちある場所や地域において語ってはならない領域があるのだ。またそれは検閲という国家の制度からもわかるように、制度的であると同時に主権的な広がりをもつ空間でもあるだろう。もちろん規範的秩序が主権的な広がりに一致するとは限らないが、語らないことあるいは語ってはいけないことは、規範的にも制度的にも境界を持った空間として明示されていなければならない。また明示することにおいて空間の秩序は維持される。

だが語れないことは、語る主体の存立にかかわる問題である。何を語ってはいけないのかが語れないのだ。したがって、語らないことと語れないことが近似していく接点とは、語れないことが姿を持って浮き上がると同時に何が語ってはいけないことなのかが不明になる事態であり、それは主体と空間が同時に動き出す始まりでもあるだろう。停留とはこうした始まりのことなのだ。それは規範的秩序の危機であり、主権的制度の危機でもある。

だからこそ、そこに暴力が浮上する。この外部への語る主体の遡行と言葉の停留は、言葉の暴力的な剝奪でもあるのだ。すなわち、これまで当たり前のように保証されていると思っていた発話が、問答無用で言葉の外部におかれていく事態でもあるのだ。それは発話内容を規範に照らし合わせて吟味したり、検閲制度において審議されることではなく、規範や制度の外に出されることを意味している。同じように語っているのに、あるいは同じように語ってはいけないことを守っているのに、語っているとはみなされず、あるいは沈黙を守っているともみなされず、言葉を発しているのに、あるいは口をつぐんでいるのに、それが発話とも沈黙ともみなされない事態が登場するのだ。停留とはこうした事態のことでもある。

いわば発話内容における判断ではなく、発話主体の存在自体が否定されるのである。そこでは発話はふるまいになり、「発話可能性が予め排除されているときに主体が感じる、危険に晒されているという感覚[5]」が身体に帯電する。「他者は身ぶりや態度や眼差しで私を着色する。染料がプレパラートを着色・固定するように[6]」。それは問答無用の暴力が支配する尋問の場面であり、また尋問において構成される戒厳状態でもあるだろう。発話は発話内容において判断されるのではなく、発話それ自体が発話として認められないのだ。この時発話は動作になり、発話主体はモノとして扱われる。フランツ・ファノンが描いた植民地状況もこうした言葉の停留にかかわっている。主権の危機あるいはその外部とは戒厳令や植民地体制という制度の問題ではない。結果的にはそうであっても、言葉がふるまいになる、この言葉の停留なのだ。そしてくりかえすが、それは始まりでもある。

この事態をファノンが「自己をものとなした[7]」と述べ、さらにそれを「身構える[8]」と述べる時、やはりそこでは、言葉が剝奪された事態のなかにおかれた存在が、新たな主体と言葉の始まりとして確保されている。語れないだけではなく、やはり、語らないのだ。モノに追いやられるだけではなく、「ものとなした」のだ。そしてこの言葉の停留は、尋問が支配する戒厳状態にあっても言葉を手放さないことを意味する。饒舌な言葉においては語れない何ものかは、自らをモノとなすことにおいてすでに話し始めている。「話すとは、断固として他人に対して存在することである[9]」。そしてかかる停留に身を置く存在は、言葉をめぐる規範や制度ではなく、暴力に晒されることになる。

言葉に「予めの排除」がある以上、かかる始まりは常に存在し続けている。語る主体において構成される時空間は、この始まりにおいて絶えず別の未来に開かれているのであり、いいかえればそれはいつも潜在的に戒厳状態に晒されているということでもあるだろう。いつモノの領域に追いやられるとも限らないのだ。まただからこそ、饒舌な言葉の中に、別の始まりが常に確保されなければならないのだ。戒厳状態を先取りし、自らをモノとなし、言葉の饒舌さと沈黙を停留として、いいかえれば始まりとして、確保しなければならないのだ。その時秩序だった空間は、戒厳状態を先取りした身構える身体とともに、変わりうる現在として浮かび上がるだろう。

3　集団自決

次に言葉の停留と始まりを、場所にそくして考えてみる。だがそれは、単なる事例ということではない。語れないことと語らないことの間から始まる停留する言葉たちは、既存の場所とそこで秩序づけられた主体を変態させていく動的状況に置かれているのであり、それは決して普遍的に語りうるものでもなければ、ある場所の事例として囲い込むことができるものでもない。あえていえば場所の秩序を担っていたさまざまな境界が曖昧になり、再構成されるプロセスが浮かび上がる事態を、停留として考えなければならないのだ。そこでは記述は、とりあえずは状況的になり、言葉は構成され続ける状況の中におかれることになる。

「あそこは行ってはならない場所[10]」。一九四五年の沖縄戦で「集団自決」がおきた読谷村のガマと呼ばれる自然洞窟は、その地域においてはこのように呼ばれていた。そこでは沖縄戦の際、百三十九名の村人が隠れ、八十四名が「自決」した。この「自決」は自ら命を絶ったというだけではなく、近親者同士が殺し合ったことを意味している。また投降か自決かということを考えた際に、「自決」は日本軍が多くの住民をスパイとみなして虐殺をしたことと合わせて考える必要がある[11]。沖縄に駐屯した日本の第三十二軍は、住民を戦闘員として動員すると同時に、スパイ視していたのである。問答無用で殺されるかもしれないという中での動員だったのであり、こうした中での「自決」

なのだ。

一九八三年、生き残った人々から聞き取り調査を行おうとした下嶋哲朗は、なんども人々の拒絶にあう。「お話しすることはなんにもない」。「帰ってください」[12]。このガマで起きたことについては、これまでにも地元の教師や厚生省が何度か調査しようとし、そのたびに拒絶されてきた。この拒絶は何だろうか。いまこの拒絶を、前述した沈黙の問題として考えてみたい。すなわち、言葉が見つからないがゆえに語れないということと、語らないということの近似としての拒絶である。そして先取りしていえば、そこに、言葉の停留と始まりを考えてみたいのだ。

ところでこの「集団自決」は、拒絶にあいながらも、同時に進行する複数の文脈で語られ、表現されていく。一つは、下嶋による聞き取り作業とガマの調査の中で、いわゆる事実が発掘され証言が集められていったことである。そこには下嶋の粘り強い努力があった。またこの作業は地元の協力もあって、すすめられた。

二つ目は、「世代を結ぶ平和の像」の作成作業である。「集団自決」の中で生き残った者、その親族、関係者などの共同作業により、「集団自決」を表現する像が作成されていった。この共同作業は、西山正啓監督によるドキュメンタリー『ゆんたんざ沖縄』（一九八七年）において描かれている[13]。またこの像は彫刻家である金城実が中心となって制作されたが、彼は作成が遺族や関係者の共同作業でない限り「墓を暴くことになってしまう」と述べている。こうして共同作業として像の制作が行われたのだ。

またこの作業は、これまで「いってはならない場所」であったガマの内部に関係者が足をふみ入れ、慰霊の行事をし、遺骨や遺品を収集するという作業と共にあった。こうした一連の集合的な作業の過程として、像の作成が存在したのである。それは作成と同時に慰霊であり、証言というより動作であり、身ぶりであり、表情であった。西山のドキュメンタリーは、そうした作業に取り組む楽しそうな人々の表情を間違いなくとらえている。また像の制作に参加したある人は、「死者の魂がそこに乗り移る[14]」と語っている。

三つ目は、こうした聞き取りや調査や「平和の像」の作成の中で展開していった、沖縄における日の丸掲揚の動きとそれへの拒絶である。一九八七年の沖縄での国体（国民体育大会）開催が決定されて以降、それまでほとんど行われていなかった沖縄での学校行事などの国旗掲揚を、国は強く推し進めてきた。またこうした日の丸掲揚の強制は、国体への参加という形で戦後初めて天皇が沖縄を訪れることを、想定してのことだった。国体開催とは、天皇と日の丸が沖縄にやってくる事態だったのである。こうした中で一九八七年の卒業式では、沖縄各地で日の丸掲揚をめぐる対立が顕在化する。「平和の像」の除幕式が行われた一九八七年四月の一か月前、読谷高校の卒業式では、高校生によって日の丸が引き剝がされ、路上に捨てられた。そして同年十月、読谷村でおこなわれた国体の会場において、掲揚されていた日の丸が引きずり降ろされ、燃やされることになる。

この日の丸を燃やす行動に決起したのは、証言の聞き取り、ガマの調査、「平和の像」の制作に深くかかわっていた、同地でスーパーを経営する知花昌一である。一九四八年生まれの知花は、「集団自決」の経験者ではない。しかし、知花にとっては証言の聞き取りや「平和の像」の制作のプロセスの延長線上に、日の丸に対する決起があった。「集団自決」は、人々を巻き込みながら複数の文脈において同時に登場していったのである。また日の丸掲揚に対する単独決起もまた、単独であると同時に集団的でもあった。「ボクがやらなくても誰かがやっただろうな[15]」という知花自身の言葉、あるいは「わしが若ければ、わしがやりたかった[16]」、「ごめんね昌一、ウチが焼いたのに[17]」という別の人の言葉は、知花の行動が、「集団自決」が人々を巻き込みながら言葉を持ち始めた一連の展開の中にあることを、示しているといえるだろう。

「集団自決」は、重層的で集合的な状況を構成するプロセスとして登場したのである。こうした状況の構成はまた、天皇が沖縄にやってくる中で生み出された警察による厳戒態勢の登場とも重なっている。地域の外部から入りこんできた秩序と自ら構成していく状況の中に、「集団自決」があったのだ。また知花の日の丸への決起に対しては、直後に彼の経営するスーパーへの放火、破壊がおきる。そして一九八七年十一月八日、何者かによってガマの横に設定されていた「平和の像」は破壊された。そこには「国旗を燃やす村に平和は早すぎる」と書かれたビラがあった。「集団自決」が状況を構成することと、天皇あるいは日の丸が問答無用の暴力として登場することは、重なり合っていたのである。

4　証言の手前

こうした複数の水脈が重なり合う状況を念頭に置きながら、聞き取りをしようとした下嶋が最初に出会った、「語らない」という拒絶について考えていきたい。確かに下嶋の努力により証言が集められ、新しい事実が発掘された。しかしそれは、語るべきではないという規範的判断が、語るべきということに直線的に転換したからなのだろうか。そこには語れないということが、すなわち「予めの排除」にかかわる問いが、抱え込まれているのではないだろうか。饒舌な言葉の世界自体への拒絶があるのではないだろうか。あるいはこういってもよい。「語らない」と語る身体は、自らをモノとなすことにおいて、すでに語り始めているのではないか。

先ほど述べたように、共同作業により制作された平和の像は、破壊された。この破壊された「平和の像」をめぐって知花と下嶋は、対立する。[18] 下嶋が破壊されるという今の現実を表現するものとして、「平和の像」の破壊されたままでの保存と展示を主張したのに対して、知花は次のように述べている。

やはりあのままにしておくのはできんなあ……。遺族はつらいだろうなあ……。遺族たちは自分が手に掛けた子供の顔をつくるつもりで、つくっていた。それを半分えぐられたままの姿で残すなんて、ボクにはできない。[19]

こう述べる知花に対して下嶋は、「戦争を伝えるのは議論ではない、事実なのだ」[20] と記している。なんでもない違いかもしれない。しかし知花が、西山のドキュメンタリーがとらえたような像の制作プロセスにおける人々の変容、あるいは関係性の生成を問題にしているのに対して、下嶋は事実という破壊された像が示す意味内容を重視しているといえるだろう。

もし下嶋が最初に出会った拒絶が、語れない話を語らないとすることであり、「予めの排除」と語る主体の関係にかかわることだとしたら、何を語るかではなく、言葉の外に遡行しさらにそれを表現しようとする中で不断に生じる主体の変容のプロセスこそが、重要になるだろう。そして慰霊や遺骨収集も含めた「平和の像」制作のプロセスとは、かかる主体の集合的な変容ではなかったのか。あえていえば「予めの排除」を組み入れながら新たな集合性が生成することではなかったか。またそれは、「行ってはならない場所」という日常空間が、変容し再構成されていくプロセスでもあったのではないだろうか。知花がいいよどみながら語っているのは、破壊された像の形象的な意味内容ではなく、こうしたプロセスの確保の重要性ではないだろうか。

語ることへの拒絶から始まったのは、沈黙が破られ新しい事実が明らかになることではない。語れないことと語らないことの近似点に、「予めの排除」が抱え込まれているとするならば、こうした集合的な主体の変容や関係性の生成こそが、重要なのではないだろうか。またそこでは自らをモノとなし、身構えるということこそが、話すこととしてある。「遺族たちは自分が手に掛けた子供の顔をつくるつもりで、つくっていた[21]」という「平和の像」制作のプロセスは、同時に語りの時間でもあるのだ。

またこの語りは、言葉とはみなされない領域への遡行であり、そこでは言葉は身ぶりになるだろう。それは同時に、語っているのに語っているとはみなされず、沈黙しているのに沈黙しているとはみなされない戒厳状態が浮かび上がる事態でもある。そこでは身体は、危険に晒されている感覚を帯電するだろう。そしてこうした身体が、あえていえば問答無用の暴力を予感する身体たちが、状況を新たに構成していくことになるのだ。それは像の完成で終わることはないだろうし、また破壊において中断することもない。

ところで、語ることへの拒絶を考える際、最初に述べた厚生省による聞き取り調査への拒絶について考えることは重要である。一九五〇年代において行われたと思われる戦闘参加者への補償を目的とした厚生省の調査は、沖縄戦にかかわる組織的な聞き取り作業の最初の試みでもある。そしてこの調査に対しては、次のような拒絶がおきる。「命を奪った国体が、いまさら何の調査かぁ」[22]。調査への拒絶は、このように主張されたのだ。それは調査自体への怖れでもあるだろう。調査は再び命が奪われる予感として、感知されたのである。そこでは調査は、事実を知ることではなく、問答無用の暴力にかかわる尋問として受け止められたのではないだろうか。そしてこの尋問は、沖縄戦の戦場を端的に表現している。いわば再尋問が行われているのである。

「沖縄語ヲ以テ談話シアル者ハ間諜(かんちょう)トミナシ処分ス」(第三十二軍「軍命」)。沖縄戦のさなか出されたこの軍命の要点は、沖縄の言葉が差別されていたということよりも、発話行為それ自体が、問答無用の暴力の根拠であったという点にある。話しているにもかかわらず言葉として聞き取られず、スパイ行為にかかわる身ぶりとみなされ、殺害の根拠となるのだ。沖縄戦を語ることへの恐怖とは、それが戒厳状態における発話の記憶でもあるという点にあるといえるだろう。身ぶりは隠さなくてはならないのだ。またこの戒厳状態の記憶は、時空間においてくくり出された沖縄戦だけのことではない。戦前期の沖縄の小学校において、「大震災の時、標準語がしゃべれなかったばかりに、多くの朝鮮人が殺された。君たちも間違われて殺されないように」と生徒に対し教師が語る時、言葉が言葉とみなされず、殺される根拠となる身ぶりになる恐怖は、文字通り関東大震災の戒厳状態と直結しているのである。そしてこの恐怖は、学校の教室に充満しているのだ。

ガマでの集団自決を語ることにおいて見いだされているのは、こうした日常世界に潜在する戒厳状態ではないだろうか。そして語ることへの拒絶とは、戒厳状態の中でそれでも断固として言葉を手放さない営みとしてもあったのではないだろうか。それはくりかえすが、言語行為というよりも自らをモノとなし、身構えることとしてあった。そしてそこでは暴力が依然として予感されているのである。こうした文脈においてこそ、「平和の像」の破壊に対して人々が「やっぱり『日の丸』は恐ろしい[23]」と語ったことが、何を表しているのかが了解されるだろう。この問答無用の暴力として登場した日の丸への恐怖は、厚生省の聞き取り調査に対しても、そして当初下嶋に対してもなされた拒絶とも、決して無関係ではない。

拒絶とともに浮かび上がるのは、問答無用の暴力が秩序を担う戒厳状態なのであり、そこに掲げられているのが日の丸なのだ。そして言葉とはみなされない領域への遡行において構成されていった状況、すなわち証言とともに展開した「平和の像」の制作が、日の丸を燃やすこととして登場する中で浮かび上がった状況とは、こうした戒厳状況と、その中でも状況を自らが構成していくという言葉の可能性だったのではないか。

5　沈黙は新たな言葉の姿を求めている

この言葉の可能性こそ、私たちが今、全力で取り組まなければならない課題なのではないだろうか。この可能性を担う言葉の在処こそ、知という言葉にふさわしいのではないだろうか。そしてそれは、言葉が通じない中で、言葉が通じる前提が失われた状態の中で、それでも自らの状況を構成していく言葉なのだ。それは饒舌な言葉でも沈黙でもない。身構えている身体はすでに言葉を発しているのであり、そのような言葉として「平和の像」の制作があったのではないだろうか。

「真実を語ってほしい」、あるいは「歴史の証言者になってほしい」。「語らないこと」を間違った規範とみなして正しい規範を教示することは、「語らないこと」を、饒舌な言葉の前でのただの沈黙におとしめるばかりではなく、正しい規範の前提である「予めの排除」の追認を強要することでもあるだろう。また、市民的な公共性とそれに支えられた正しさを前提に「語らないこと」を論じることは、そこに語らない何者かが身構えており、すでに語り始めていることを否認し続けると同時に、その者たちの身体に作動する問答無用の暴力が自らの正しさの前提として存在することを、議論の外部に置くことになるだろう。

だがしかし、戒厳状態は常に準備されているのであり、それが社会にせり上がってくる今、求められる知は正しさのそれではない。戒厳状態の中で自らの状況を確保し構成していく言葉の可能性こそ、知が担うべき領域なのではないか。それは、ともに像の制作を遂行するような知のありようだ。

この停留から登場する言葉の姿について、最後に議論しておきたい。あえていえばそこには、言葉の外部にかかわる二つのモーメントがあるといえるかもしれない。一つは、これまでくりかえし考えてきた、外部を抱え込みながら構成されていく状況とともにある言葉のありようである。これらの言葉は複数の遂行的な行為とともに状況を構成していくだろう。それは言葉であると同時に身ぶりであり、表情である。また動かし難い風景やその場の自然が新たな意味を持って立ち現れてくる何がおきるかわからない不穏な事態でもあるだろう。停留はこうした構成ということの、始まりとしてある。

いま一つは、外部をつかみ取り、語れないことを一気に語る言葉の在処である。いわば語れないことを代表する行為とともにある言葉である。そこでは代表性を定義づける制度的枠組みが、前提にされ、時には先取りされる。

そしてどちらのモーメントも、「知る」ということに関係しているのだ。前者は、語れないことを知ろうとしながら、状況が再構成されていくことであり、後者はそれが何であるかを説明しその意味を知らない人々に、内容を伝達しようとする。想定されている人の集まり方が違うのだ。

この二つのモーメントは、しかし、ともにあるのではないだろうか。代表性が不断に審議にかけられ、既存の制度から離脱し続けるプロセスとしてあるとき、代表性の手前の領域には、この言葉の停留と始まりが、常に確保されているのではないだろうか。そこでは危険に晒されている身体とともに、言葉の新しい姿がたえず生み出されているのではないだろうか。「集団は新たな言葉の姿を求めている」[24]。平和とは、こうしたプロセスとしてあるのではないだろうか。

注

(1) 冨山一郎『増補 戦場の記憶』(日本経済評論社、二〇〇六年)所収の「平和を作るということ」を参照。

(2) 松田カメ述、平松幸三編『沖縄の反戦ばあちゃん――松田カメ口述生活史』(刀水歴史全書)、刀水書房、二〇〇一年、一七五ページ

(3) 目取真俊の小説『水滴』(文藝春秋、一九九七年)には、沖縄戦の体験について講演会では明確に話す一方で、誰にも語ることができない戦争体験も抱え込んでいる人物が登場する。同じ人間のなかに、語ることのできる経験とそうでない経験が存在するのだ。公の場で語ることのできる前者の体験は沖縄戦の証言として歴史研究の史料となるが、後者がそうなることはない。同様のことは沖縄戦にかかわるトラウマを治療し続けている精神科医の蟻塚亮二の、「回避」にかかわる症例にも登場する。蟻塚によれば「回避」というPTSDの症状においては、トラウマを抱えている体験者は、語れないというより、「決まった線路を走る列車のように」、明確に語るという。すなわち語ることが、語れないことを丁寧に縁取っているのである。蟻塚亮二『沖縄戦と心の傷――トラウマ診療の現場から』大月書店、二〇一四年、九五ページ

(4) ジュディス・バトラー『触発する言葉――言語・権力・行為体』竹村和子訳、岩波書店、二〇〇四年。特に第四章を参照。

（5）同書
（6）フランツ・ファノン『黒い皮膚・白い仮面』海老坂武／加藤晴久訳（「フランツ・ファノン著作集」第一巻）、みすず書房、一九七〇年、七七ページ
（7）同書七九ページ
（8）フランツ・ファノン『地に呪われたる者』鈴木道彦／浦野衣子訳（「フランツ・ファノン著作集」第三巻）、みすず書房、一九六九年、六七ページ
（9）前掲『黒い皮膚・白い仮面』二五ページ
（10）下嶋哲朗『白地も赤く百円ライター——知花昌一 新・非国民事情』社会評論社、一九八九年、三七ページ
（11）前掲『増補 戦場の記憶』参照
（12）前掲『白地も赤く百円ライター』三〇ページ
（13）このドキュメンタリーにおいて映像として写し取られているのは、「平和の像」の制作過程だけではない。遺骨収集にかかわる人々の表情や、読谷高校の卒業式の出来事、さらには日の丸の押し付けに反対する教師たち、サトウキビ畑やそこでの労働など、その場所における人や自然を丸ごとフィルムに留めようとしている。そこからは、見るということあるいは映像ということが、概念的に言葉と区分けされるのではなく、言葉が見える状況あるいは言葉が風景として留めおかれる状況への知覚としてあることを示しているのかもしれない。人類学者の箭内は民族誌映像にかかわって、被写体である対象と撮影者である分析者がともに動態の中にあり、このプロセスの中で映像が展開することを指摘しているが、映像を撮るという行為は、こうした流動化する状況への知覚として考えてみることもできるのかもしれない。箭内匡「イメージの人類学のための理論的素描——民族誌映像を通じての

「科学」と「芸術」」「文化人類学」第七十三巻第二号、日本文化人類学会、二〇〇八年
(14) 前掲『白地も赤く百円ライター』七〇ページ
(15) 同書一一八ページ
(16) 下嶋哲朗『生き残る――沖縄・チビチリガマの戦争』晶文社、一九九一年、二四三ページ
(17) 前掲『白地に赤く百円ライター』一八六ページ
(18) この対立の重要性については、古波藏契さんからの教示による。
(19) 前掲『白地も赤く百円ライター』六四ページ
(20) 同書六四ページ
(21) 同書六四ページ
(22) 同書二九ページ
(23) 前掲『生き残る』二四五ページ
(24) 文化新聞「土曜日」(一九三六年十月二十日)にある記事の表題。中井正一、久野収編『美と集団の論理』中央公論社、一九六二年、二〇六ページ

[付記] この原稿は、二〇一五年八月十三日、韓国の光州広域市の朝鮮大学校で行われた講演「言葉の停留と始まり――戒厳状態の時間」での報告原稿に手を入れたものである。機会を与えていただいた朝鮮大学の車承棋さん、ならびに通訳をはじめ様々なところでお世話になった沈正明さんに感謝します。

第2章　軍隊がある社会で凝視すべき身体の言葉
——志願制への主張（韓国）と基地撤去論（沖縄／日本）をめぐる小考

鄭柚鎮

1　ある鈍感さ

二〇〇七年春にソウルで開かれた国際シンポジウムで、「徴兵制は問題があるから志願制にすべき」といった主張が軍事主義を強化する機制として作動しうるという趣旨の発表をしたことがある。[1]そのときコメンテーターが、「軍事主義がすべて悪いとは思わない、軍事主義がはたらく過程で雇用の機会を創出したりもするのではないか。軍事主義の問題を善と悪の二元論で断定してはいけない」と述べたのを聞き、あっけにとられてしまった。それは、「戦争が起こり軍事支出が増えれば、経済が活性化すると一般に考えられている。しかし実際には、ほとんどの経済モデルが示すように、軍事支出が増加すると、消費や投資などの生産的な目的に使われるべきリソースが軍事産業に流れ、結局は経済成長が鈍り雇用が減る[2]」という分析をこのコメンテーターが無視したからではない。戸惑いを覚えさせたのは、軍服役中の自殺[3]、疑問死と呼ばれる他殺、軍事訓練への抵抗感、訓練中の事故、犯罪など数えきれないことに対する問題提起として出された、軍隊という組織自体を拒絶する兵役拒否者／忌避者[4]の訴えについて、「軍事主義が雇用を創ったりもするからそんなに悪いものだけではない」と言える者の「鈍感さ」だった。このような「鈍感さ」はどのように作られ、また支えられているのだろうか。

こうした鈍感さはこのコメンテーターに限ったことではない。「人を殺し、そのための訓練をする軍隊に入ることはできなかった」という兵役拒否者／忌避者の問題提起が、「徴兵制は問題があるから志願制にすべき」という制度改善の問題にすぐさますり替わってしまう韓国社会に、この鈍感さという感情は根深く定着している。この鈍感さはアメリカ兵の犯罪や米軍基地に起因する環境汚染などの被害を受けた者の訴えを、「韓米駐屯軍地位協定は改正すべき、基地を撤去すべき」というスローガンに収斂してしまう論議とも連動している。被害者の痛みに関わろうとせず、実現可能かどうかもわからない、場あたり的な議論に走ってしまうのである。このような主張そのものが間違っているといいたいのではなく、そう決め付ける前の段階、つまり痛みを訴え苦しむ身体と自分との間を関係のこととして設定しようとする努力（過程）を省略してしまうことの問題（それを鈍感さと表現してもいいなら）について考えたいのである。

本章は、二〇〇一年以後韓国で本格的に提起され始めた兵役拒否権をめぐる運動や軍隊に耐えることができないという兵役拒否者／忌避者の感性が、軍合理化という名の下で、志願制推進という制度改善の問題に置き換えられることを論じる。また、〇八年二月、沖縄で発生したアメリカ兵による中学生性暴行事件の直後に噴出した「基地を撤去すべき」という「社会的応答」の問題性を考察する。

2　軍隊がある社会で

宗教的・政治的良心と自らの信念で兵役拒否を決意した人たちとの連帯を模索しながら兵役拒否権と代替服務制の実現を目指してきた人々の努力に負って、[5] 韓国社会で兵役問題は一九九〇年代以前よりも自由に話せるテーマの一つになった。二〇〇一年以後世論のなかで提起され始めた民間レベルでの志願制への主張[6]は、徴兵制に対する国民的な反発[7]も手伝って、〇七年二月、服務期間の短縮と有給志願制の導入を主眼とした政府の「改善案」の発表、〇八年四月の国会議員選挙ではそれが選挙公約として注目された。

徴兵制の弊害を克服し、軍隊運用の合理化とグローバル資本主義時代にふさわしい人的資源の開発を図るべきだという志願制への主張は、韓国社会で政治的立場の違いを超えて、軍隊に関する一つの流れを形成している。銃をとることへの抵抗感、[8] あるいは軍隊に対する不安感と不信感と恐怖を訴える兵役拒否者／忌避者の言葉に対し、「徴兵制は問題があるから（あるなら）志願制にすべき（すればいい）」という反応が示されているわけである。軍隊組織に耐えることができないという身体感情に関わる提起が、進歩や改善（次善の策）という言い方で、制度選択の問題にすり替えられるのは、何を意味するのだろうか。

「すべての国民は法律の定めるところによって国防の義務を負う」と大韓民国憲法第三十九条第一項があらわにするように、韓国社会で市民権の獲得は兵役義務を履行したか否かに関わっている。「軍隊に行ってきてからが一人前」というのが常識だと思われる社会で、兵役拒否者、あるいは忌避者が受ける痛み（社会的不利益や偏見など）[9]は、徴兵制と密接な関わりをもっている。だが、それは決して志願制に転換すれば解決する問題ではない。むしろ、軍隊に耐えられない、軍隊を容認することはできないという彼らの主張に対する反応が、「それなら志願制にすればいいのに」というものだけであるのが彼らをより息苦しくさせているのではないだろうか。

兵役拒否という思想、または軍隊に対する恐れなどといった身体感覚が韓国社会に話しかけようとすることと「だから結論は志願制！」という主張との間には、より多くの政治過程とそのプロセスに伴う言葉が存在するはずである。その言葉たちを見いださなければならないだろう。なぜなら、彼らの感情を制度選択の問題として取り扱ってしまう感性、その社会性こそが基地／軍隊を黙認する日常を構成させていると思うからである。

論点は、銃をとることを拒否しうる（せざるをえない）彼らの身体感覚こそが重要だ、彼らの感受性を尊重すべきだ、彼らの痛みは重大だ、というのではないだろう。身体感覚に関わる言葉が制度の言葉へと代替されてしまうとき、何が起きるのか、または何が消えてしまうのかを追求していきたい。軍隊がある社会での彼らの不安感と緊張感、ためらいや震えという感覚を、私の感覚として確保したいのであり、それを私たちという関係を生成していく起点として考えたいのである。軍隊を怖がり忌むことができる感覚が集団性を帯びるとき、垣間見られる世界とはどのようなものなのだろうか。痛みとは、この世界を想像することに、関係としての私たち（過程としての私たち）を思考することに一つの要素になるだろう。

3 「基地がある限り」

「基地がある限り、こうした事件は無くならないでしょう。沖縄と日本本土にあるすべての米軍基地を閉鎖するべきです[10]」

「統計的に、「暴力装置」である軍隊の兵士が起こす事件がなくせない以上、再発防止の特効薬は、撤退か大幅削減しかない。そこに踏み出さない限り、米軍の「足跡」は沖縄県民の「傷跡」に深化し、米軍事件の新たな被害者を生み続ける悪循環を断ち切れないだろう[11]」

「安保条約をかたくなに守るか、明日また起こるかもしれない少女暴行事件を根絶するか。二者択一を迫られたら後者を選ぶべきだろう。そのために米軍の沖縄からの即時撤退を求めるべきではないか[12]」

二〇〇八年二月、沖縄駐留アメリカ海兵隊員による中学生暴行事件が発生したとき、このような議論が噴出した。それはアメリカ兵が関与した事件が起こるたびに繰り返されてきた論法でもあるが、必ずしもそうだとはかぎらない。被害者の国籍・年齢・性別・学歴・職業・事件が起きた場所や時間などによって事件の扱い方は違っていた。ある事件は大騒ぎになって総理や知事のコメントまで求められたりするが、まるで何事もなかったかのように片付けられてしまう事件も少なくない。(13)

確かに、基地があるかぎり事件はなくならないだろうし、日米政府が強調する「綱紀康正」と「よき隣人」政策、合同パトロールと防犯カメラの設置などの再発防止策によって事件がなくなると信じる人は多くはいないだろう。だが、「責められるべきは加害者であり、戦後六三年も基地を提供し続ける日本政府であり、我が物顔で居座り続ける米国政府・米軍である(14)」、だから基地がなくなることがこうした事件を防ぐ「特効薬」だというロジックは、あまりにも強引な気がする。そうした言葉の繰り返しによって生起する政治とは何かという問題については精緻に議論する必要がある。なぜなら「暴力を作動させ得る日常は、決してそこに基地があるというだけで構成されてはいない(15)」からである。

基地の存続を強いる日米政府を「悪」と分類してしまうと、そう定める側は「善」にならざるをえない。と同時に、「善」になってしまった側は「悪」に抗するという大義の下で一定の同一性や均質性に強いられるようになる。しかし、当然だが「善」とみなされた側のなかには、複雑な利害関係がせめぎ合っている。たとえば注(7)であげた女性にも平等に兵役義務を求める女子高生の訴えは、韓国社会の内部の市民権をめぐる葛藤を表している。

沖縄アメリカ兵少女暴行事件に関わる議論には、少なくとも二つの論点が存在する。一つは、被害を受けた者の感情をめぐる議論空間が無化されているという点、つまりアメリカ兵による暴行事件が一気に「基地がある限り事件はなくならない」という結論に収斂されてしまうことの問題である。もう一つは、小さな政治と大きな政治という区分けがこの議論の前提としてはたらいている点である。二つは深く絡み合っている。

「基地がある限り……」という主張は、大きな政治を優先することで小さな政治の問題を解決するというロジックに基づいているが、こうした順位付けは、結果として被害を受けた者を孤立させるのではないだろうか。なぜなら、二項の序列関係を前提とするジェンダー秩序からすれば、「男」として表象されたアメリカ兵や日米政府が「悪」として強調されればされるほど、「女」とみなされる被害者の苦しみや痛みといった感情領域は二次的なものとして分類されることになるからである。アメリカ軍犯罪に抗議する集会やシンポジウムで暴行にあった女性被害者の痛みを中心に議論すると、「安保の問題を女の問題に矮小化するな」という批判があがることがあるのだが、これは被害者の痛みの問題がアメリカ軍駐留の問題に比べれば副次的だという前提があるからこそ出てくる発言である。しかし、被害者の苦しみの問題は、はたして基地の存否の問題だけに還元できるものなのだろうか。

ジュディス・バトラーは、言語の被傷性に関する考察で「ある種の言葉やある種の名指され方が身体上の安寧に対して脅威としてはたらくだけではなく、名指しの方法によって身体が支えられたり、身体が脅かされる」「言語が身体を支えるという意味は、（略）言語の次元で呼びかけられることによって、身体のある種の社会的存在がまず可能になるということ」だと指摘し、中傷について次のように述べる。

言葉によって中傷されるということは、文脈を失ってしまうこと、自分がどこにいるかわからなくなることである。事実、中傷的な発話行為については、予想しなかったことが中傷を構成する。つまり名指された人は、自分では制御できない状況に陥ってしまう。それまで発話状況の範囲を見定めていたはずの能力が、中傷的な名指しがなされた瞬間に危うくなる。名指しがなされるということは、何か訳のわからない未来へ投げ出されるだけでなく、中傷の時と場所がわからなくなることであり、そのような発話の効果として、自分の状況が把握しきれなくなることである。このような破壊の瞬間に晒される理由は、自分の「位置」が、そのような発話をする人たちの集団のなかで霧散してしまうからである。人は中傷的発話によって〈ある位置に置かれる〉が、ある位置とは、〈位置がないこと〉なのかもしれない。[16]（傍点は原文）

アメリカ兵による性暴力を受けた者にとって「予想しなかったこと」とは何だろう。それまでの発話状況の範囲を見定めていたはずの能力がなくなり、「ある位置」に置かれてしまうこととは、具体的にどういう状態だろう。

被害を受けた者を苦しめているのは、性暴力でこうむった痛み、ミソジニーを背景にした一部マスコミやネット上での誹謗中傷、加害者に対する恐怖感、日米地位協定のせいで加害者が裁かれないこと、などだけではなく、自分の身体感情との接点が見えない、「基地がある限り」という言葉ばかりが乱舞するある政治の場で自分の問題が処理されていることかもしれない。被害者が自身の身体感情を語ろうとしても、周りの人々は耳を傾けず、すでに用意してある「基地がある限り犯罪はなくならない」という言葉で結論づけてしまおうとするのである。そのような場で「何か訳のわからない未来へ投げ出され」「自分の状況が把握しきれなくなる」被害者は、ただ苦しみを抱えて沈黙するほかない。

被害者の泣き寝入り的な状況とは、性差別社会の所与の前提ではない。それは、「この国の現実を直視してほしい。沖縄の少女事件が示しているのは、米国の好き勝手に蹂躙されながらそれに甘んじて恥じない日本政府の姿だ[17]」「また緊急な抗議声明、岩国の米兵による強姦事件を取り上げた。声明には四百名近い賛同人が瞬く間に集まったと聞いている。大手マスコミ、週刊誌などメディアの自主規制は政治的な犯罪ではなかろうか。なぜ、日本民族の誇りと威信にかけてアメリカに抗議しないのか。その帝国主義的な卑屈さは実に情けない[18]」「今回の事件を受けて、激しく怒って「思いやり予算は廃止しろ」とか「日米地位協定を見直せ」とか「グアム移転費はもう出すな」などと強く言い出す者がいないのだろう。（略）事件の再発防止は、対等な日米関係の構築なしにはあり得ない。日本はアメリカに強い怒りを意思表示すべきだ[19]」といった、感情問題を道具化する言説によって構築されていくのである。

高里鈴代は、「「由美子ちゃん事件」と名前で憶えられているのは、その少女が殺されたから」であり、「強姦されてその後ずっと生きて、そのことで実名で覚えられて、そしてその被害を受けた女性が堂々と生きられる社会は、沖縄はまだない」「生存者は無名で、死者は名前で記憶される」[20]と指摘し、「基地問題、基地反対運動とは、土地の強制接収反対運動、練習事故、爆音問題であって、女性への暴力の問題はあくまでも二次的問題でしかなかった」[21]と述べている。高里は、「米兵の欲望の犠牲になったこの少女の一生は誰がどう償うのか。「出来るだけの補償をする。誠に申し訳ない」と言ったところで、この少女個人が受けた辱め、ボロボロに傷つけられたプライド、悲しみは誰がどう癒すのか。一生ぬぐいきれない心の傷が残るのだ」[22]というように、痛みの問題を本質化・個別化する議論を警戒しながら、被害を受けた者の感情をめぐる議論空間の無化とそれを当然視する政治そのものの意味を問うている。痛みという身体感覚を自分との関係において設定しようとせず、感情領域を構造や制度の問題に解消しようとする解説（号令する感性）を政治の問題として提起するのである。人々が痛みを与えたり傷つけられたりすることに自覚的に（無自覚的に）慣れてしまう過程を軍事化と捉えるとするなら、そのプロセスは「号令する感性」が表面化されない（されにくい）ことと連動している[23]。

軍事的暴力が社会を構成し続けるなかで問われるべきは、「社会を構成する文化的コードに関わる暴力を、軍事的暴力と切り離すことなく問題にしていく作業」[24]であるだろう。軍事的暴力に対する批判だけでなく、それが作動する文脈を可視化する議論が求められているのである。「基地がある限り」という決まり文句は、社会を構成する文化的コードに関わる暴力の問題に関わらせて吟味しなければならない。

4 「女と子ども」

「「またか」と思いました。いつも犠牲になるのは、女性と子どもです。残念で悔しい思いでいっぱいです[25]」

「女性・子どもを危険にさらす基地はいらない[26]」

「日本政府は再発防止策を急ぐが、それで事件がなくなると考える人はいないだろう。国民の多くが日米安保を必要と考えながら、安保による痛みを沖縄に負わせ続け、共有しようとしない矛盾。そして女性や子供が被害者になりながら、国内法の元で審理できない矛盾。今回の事件は二つの矛盾を突きつけている[27]」

「井原陣営は僅差で負けたものの、よく健闘したと思う。それでも（略）これから騒音被害にさらされる岩国の子どもたち、沖縄のように米兵による暴行の危険を背負わされる少女たちの未来よりも、目の前の補助金に屈服したと、言わざるをえない[28]」

「日本政府が米国政府の言いなりになっている限り、沖縄の女性・少女は、米国の帝国主義のために沖縄に駐留している米兵に強かんされ続ける[29]」

『岩波女性学事典』によると、子どもとは、「大人すなわち社会の一人前の成員となる前の人間[30]」

である。子どもという存在は誕生したというフィリップ・アリエスの議論はともかくとして、基地やアメリカ兵暴行事件を問題化するたびに、「女」は「守られるべき」存在とされ、その意味で「大人すなわち社会の一人前の成員となる前の人間」である子どもとひと括りにされる。以下の点について問いを立てたい。論点は、「女を子ども扱いするな」という主張でなければ、敵・保護対象・保護主体といった軍事主義を作動させるために準備された仮説に対する批判でもない。電車の女性専用車両にこだわる、たとえそれが「痴漢の被害に遭う可能性が非常に低い車両[31]」だとしても乗れるなら乗るべきだと信じている私は、むしろ、守られるのができることなら、守ってもらいたい。たとえそれが「大人すなわち社会の一人前の成員となる前の人間」扱いだとしても、ぜひとも守ってもらいたいのだ。もしもそれが可能なことであるならばである。

怖いのは、「守る／守られる」というのを建前とする安全・安保と呼ばれることの虚構性[32]ではなく、守るという議論自体が対象を選別する、すでに排除の対象を前提にしておこなわれるという点である。いつどのような形で外されるかどうかは、守ってもらえるかどうかは、守ってもらいたい者の切望によってではなく、守る側を自称する者によって決定される。このような構図のなかでは、残念ながら被害を受けた者の感情は論外とされてしまう。結局のところ、守るべき、守るべきではないという線引きの恣意性のため、女も子どもも守ってもらえないのである。

生前には「米兵を相手にする女（洋公主）」と呼ばれ蔑視されてきた女性がアメリカ兵によって殺害された後、アメリカ大統領の謝罪を求める反米闘争のなかで「純潔な民族の娘」に姿を変えられたのは、「守る側」の都合（利害）によるものだった。アメリカ対わが民族という二項的論理のなかでの「守る側」は、「洋公主」という言い方に表れるように、民族の成員から切り捨てられていた彼女を保護価値がある存在として取り出し「民族の娘」という地位を与えた。アメリカ兵に殺害された彼女は、高里の指摘どおり死者になってようやく名前で記憶される存在になったのである。民族主義言説では、殺人やレイプという犯罪が「敵」によって発生されたときだけが事件として意味付与されるきらいがある。[33]

被害を説明する際に用いられる「なんの落ち度もない」「無辜の」「幼い」「無垢な」「かけがえのない」「最愛の」という言い方は、「守られるべき」者を選別する指標として出され、保護対象と保護主体の同一化を図ろうとする者の欲望を表す。当然、この欲望は排除される者を生み出す。

事件が起こるたびに繰り返されるこうした修飾語には、「悲しむべき」痛みとそうでない痛み、「守られるべきわれわれの女と子ども」と「保護する価値のない、見捨てられるべき女と子ども」を区別する視線が含まれている。この視線は、性差別的な社会でジェンダーに基づく規範を生み出し、それを押し付ける。[34]「そんな服を着ていたんだろう。米兵をその気にさせた女が悪い[35]」といった被害者に対する攻撃、「朝の三時まで未成年が盛り場にいるということがどうかとは思いますが[36]」という被害者に対する検閲、あるいは「「危ない」はずの米兵に気軽に付いていったツケは十四歳の少女にとってあまりに重い[37]」といった非難は、守る側を自認する者たちが強いる規範的な要求をあらわにする。

はたして基地に起因する被害は「女と子ども」だけの問題なのだろうか。「いつも犠牲になるのは、女性と子どもです」といった「残念で悔しい思い」を再生産する政治とは何なのか。あらゆる認識が、既存の形式の暗黙の確認であるなら、騒音被害に晒される岩国の子どもたち、沖縄のようにアメリカ兵による暴行の危険を背負わされる少女たちという言葉は、どのような形式の確認なのか。どのような過程を経て社会的了解を得ているのか。こうした言説が基地や安保の問題を矮小化しているのではないだろうか。

性差別やジェンダー秩序が軍事主義を問題化するメタファーとして使用されるとき、何が不可視にされるのかということは、「少女の痛み」というように痛みを個別化・本質化する論議とは別の形で議論する必要がある。誰の、どれほどの痛みかにこだわりすぎると、痛みを誰かの持ち物にしてしまうおそれが生じる。そもそも、痛みという感情は特定の人間の占有物だといえるのだろうか。「痛みの問題は、常に、わたしが対峙する他者の痛みの問題、わたしの痛みを他者に伝える際の問題である」ため、「それは、わたしの痛みを理解し、表現する、という問題として成立する痛みであり、二人称の痛みの起源問題としてのみ、成立する」[38]のではないだろうか。

痛み自体に執着すればするほどそれは消費の対象になってしまい、被害を受けた者を萎縮させる結果をもたらす。浅野健一は、被害者の少女の学年、年齢、「被疑者の自宅」「暴行現場」などを報じ、事件の詳細を繰り返し報じた本土の新聞各紙に比べて、「琉球新聞」と「沖縄タイムス」は、少女の性暴力事件に対して被害者の自宅取材を控え「事件を「野蛮」「凶行」と表現し、「人権蹂躙の悪質犯罪」と決議した県議会決議文などを載せ、米軍基地反対の姿勢を示した」[39]と評価する。だが、「少女の人権を蹂躙した悪質犯罪」といった表現を強調すればするほど被害を受けた者は「人権を蹂躙された者」にされ続けることになる。痛みの重み、あるいは痛みの所有格を絶対化する議論は、ジェンダー秩序の強化に奉仕するようになり、結局は、社会的関係の産物である痛みの政治性を私的なものにしてしまい、痛みをめぐる関係性に関する、議論の可能性を封印してしまうことになる。

5　軍隊がある社会で凝視すべき身体の言葉

松田道雄は、自らの非合法活動にふれて、「肉体が先ず敗北し、敗北した肉体にふさわしいセリフを演出することが転向である」という「転向の肉体性」に関して考察した[40]。冨山一郎は、松田の議論をふまえながら、「「肉体の弱さを弁明することができない」ということが、何を意味するか」、「「非転向」は肉体から切り離された思想の絶対的正しさとして宣揚され、「転向」はただ、思想の敗北として遺棄された。それは肉体の敗北を思想の敗北として宣伝した特高側も同様であった」と、「対立しながら両者は、思想を身体から遠ざけていった[41]」と指摘する。

「日米両政府は事件に対して迅速に対応したではないか。少女暴行事件と米軍再編、基地問題とは別問題だ」という主張と、「基地があるゆえの事件・事故だという点では与野党一致している。だからこそ県民全体で声を上げなければいけない」といった「基地がある限り」という主張[42]。「事件は基地問題とは全く無関係だよ」という主張と「事件こそ基地の問題だよ」という主張。沖縄アメリカ兵暴行事件の後に噴出した両者の主張は、「対立しながら、思想を身体から遠ざけている」という点では似ている。あたかも苦しむ身体をめぐる議論が存在しないかのような政治の設定、それによる議論の膠着。それは、軍隊が怖い、軍隊に耐えられないといった兵役拒否者／忌避者の身体感情を感知しようともせず、「だから志願制にすべき」という主張ばかりが飛び交っている韓国社会の一面でもある。

「米軍基地が存在することそのものに負担感があります。私自身の経験でいっても、基地の存在しない自治体の首長とは感覚が違います。たとえば二〇〇一年の同時多発テロが、岩国や沖縄など、米軍基地を抱える自治体にとっては他人事ではありませんでした。岩国基地が標的として狙われることだってありえるわけです[43]」と、二〇〇八年当時岩国市長だった井原勝介は述べた。「基地が存在することそのもの」に対する負担感といった自分自身の感情を見つめ、政府補助金とひきかえにもたらされる艦載機移転の苦しみを拒絶する言葉は、軍隊が存在する社会で軍事化を拒絶するための方法の一つの手がかりになるかもしれない。なぜなら、自分自身の身体感情を見極めようとしたうえで発せられた言葉は、基地があるかぎりという主張とは異なる回路を経ているからである。〇一年のアメリカ同時多発テロが他人事ではなかったという感覚は、アメリカ兵少女暴行事件をめぐるさまざまな政治をすぐさま基地撤去論に置き換えてしまうようなやり方では解決できない問題を提起する。井原の発言は、岩国基地が狙われるかもしれないという恐れを起点とし、基地の存在がどのような社会を構成していくのかを問い直そうとしているのである。

社会的に兵役拒否者が増えてゆくこと、一人二人でなくもっと多くの人々が入隊を嫌がるということ。または重傷ではない程度のけがを負いたいと願うこと。わたしはそういうのも別に悪くはないと思います。むしろ肯定的というか。兵役拒否者だけがあらがっているというふうには思わないんです。自分の体に暴力を加えてまでも兵役を忌避しようとする行動も、社会的に意味のある行動として理解したいのです。そのような抵抗にも意味があると。それは彼らの言葉でしょう。彼らが表現する彼らのことば」（兵役拒否者Jのインタビュー[44]）。

「自分の体に暴力を加えてまでも兵役を忌避しようとする行動も、社会的に意味のある行動として理解」するとはどういうことだろうか。「理解」という言葉が表すのは、軍隊という制度に耐えることができない兵役忌避者の感性に介入しようとする兵役拒否者J自身の意志ではないだろうか。法学者のアン・ギョンファンは、「いったいいつまで現在の徴兵制に固執するつもりなのか。だいたい、OECDに所属している多くの国では志願制を選んでいる。富裕国だけではない。中国と北朝鮮も志願制を施行している。それればかりか。世界の最貧国の一つであるネパールも志願制を採用している。もちろん志願制には予算がかかる。しかし、わかったうえで志願した者には責任感がある[45]」と主張する。しかし、求められているのは、軍隊に関わる痛みの問題を制度転換の問題に矮小化するのでなく、「自分の体に暴力を加えてまでも兵役を忌避しようとする行動も、社会的に意味のある行動として理解」しようとすることで、忌避者の苦悩を兵役拒否者自身の問題として再設定することではないだろうか。痛みを誰かの持ち物にしてしまうのではなく、痛みに自身を関与させる過程で見いだされる言葉を通じて、新たな抵抗の可能性を探るのである。そのとき、痛みとは、治癒しなければならない克服の対象ではなく、自分自身が巻き込まれていくある状況として浮かび上がるだろう。

「米軍基地が存在することそのもの」に対する負担感の吐露、あるいは「自分の体に暴力を加えてまでも兵役を忌避しようとする行動も、社会的に意味のある行動だ」という理解は、痛みを関係の問題として提起する。軍隊という制度が強力な文化的権力として存続する社会で軍隊がない社会を想像するとは、この関係をめぐる議論から紡ぎ出される言葉を社会的可能性にしていくことではないだろうか。

注

(1) 鄭柚鎮「軍事化という過程を想像するということ――韓国の志願制への主張と沖縄米軍基地をめぐる「負担軽減論」を中心に」『Empire, Globalization, and Asian Women's Migration』(第九回ソウル女性映画際国際フォーラム二〇〇七資料集)

(2) チャルマーズ・ジョンソン「軍事ケインズ主義の終焉」川井孝子/安濃一樹訳、「世界」二〇〇八年四月号、岩波書店、四九―五〇ページ

(3) 韓国では一九九五年から九九年の間に千三百七十九人が軍服役中に死亡しているが、そのなか、軍当局によって自殺と判定された件数は四百七十一件(三四・二パーセント)である(「軍死傷者遺族の連帯」[www.kmid.org])。「兵役中に自殺したと判定される者をどのように処遇すべきか」をテーマにした討論会(主催:大統領所属軍疑問死真相究明委員会)で金ハクソン国会議員は、二〇〇二年

以降自殺事故が軍隊内死亡事故の過半数を占めており、〇五年に軍隊内で死亡した百二十四人のなかの六十四人（五二パーセント）が自殺と判定されたと報告した。「クキニュース」二〇〇六年十一月二十八日付

（４）本章では、以下の佐々木陽子の見解をふまえながら、兵役拒否と忌避の問題を区別しない。「一般に、キリスト教の絶対平和主義に代表される良心的兵役拒否が「積極的抵抗」とされるのに対して、徴兵忌避は「消極的抵抗」として差異化される。（略）こうした差異化をもちろん認めるものの、差異化を強調するスタンスはとらない。というのは、「軍隊嫌い」「暴力嫌い」「生命をいとおしむ」という点で、拒否も忌避も共振していると捉えるからである。さらには、思想や信仰を背景にした良心的兵役拒否に対して、思想や信仰を欠如させたものとして徴兵忌避を劣位に位置づける序列化の陥穽を、両者の差異を強調する視座に見て取るからである」（佐々木陽子「日本の徴兵忌避――生命への執着をめぐる葛藤」、佐々木陽子編著『兵役拒否』〔青弓社ライブラリー〕所収、青弓社、二〇〇四年、一八八ページ）。揺るぎない思想や信仰によって兵役を拒否するのは、確かに軍事主義に対する明確な反対だが、軍隊文化（序列文化）がもつ全体主義／画一主義、上司や同僚による性的／言語的暴力を嫌悪し、軍事訓練事故の危険を恐れ、さまざまな手段を用いて兵役を逃れようとする忌避者の行為が、兵役拒否の信念より意味がないとはいえない。むしろ問わなければならないのは、宗教的良心と信念による兵役拒否は普遍的人権問題だが、忌避者は単なる逸脱者（「ろくでなし」・臆病者）だと決め付ける差別的見方、公対私という二分法そのものだろう。

（５）「良心による兵役拒否権実現と代替服務制度改善のための連帯会議」（〔http://corights.net/〕〔二〇一八年三月十六日アクセス〕）の執行委員長である崔ジョンミンは、「兵役を拒否する権利、殺人を拒む権利はある意味権利というより義務に近い。それは、世の中を共に生き延びるべき人としての義務

だ」と、兵役拒否運動を位置づけている。引用文は、崔ジョンミン「未来はすでに現在のなかに現れる」『韓国宗教と良心的兵役拒否』(「改革のための宗教人ネットワーク」主催の討論会の資料集〔二〇〇五年、ソウル〕)。

(6) 韓国「志願制推進国民連帯」(www.anticonscript.org)は二〇〇二年五月五日から「徴兵制に反対する会」という既存の団体名を「志願制推進国民連帯」と変更して活動していて、「人権・自由・職業軍人による軍隊」をモットーとする。

(7)「国民的な反発」といっても、兵役義務から外された「女」、または人種(「混血」)・学歴・障害・病・セクシュアル・アイデンティティなどさまざまな理由で本人の意思とは無関係に兵役から排除された者の徴兵制に対する感情と利害関係は決して一様ではない。「分断状況のなかで、男だけが兵役義務を負うのは、女性の幸福追求権の侵害に当たる。男女ともに兵役義務を課すべき」と主張し、国に女性の徴兵義務化を求めた女子高生の行動は徴兵制をめぐる国家構成員の利害関係の複雑さを象徴している。「聯合ニュース」二〇〇五年九月四日付

(8)「私はロマン化された平和には反対しています。兵役拒否者の一人ひとりが選択する時の家族との葛藤、監獄の中での時間、社会での生活。自分が銃を取らないという選択をするために、耐えなければならないことはとても大きいんです。本当の「平和」というのは、痛みに共感できることだと思います。自分が撃つ相手の痛みを感じることができたら、絶対に引き金を引くことはできない」(兵役拒否者の林宰城氏)。兵役拒否者が語る「兵役拒否に関する所見」は、軍事訓練と模擬戦闘の過程で、人に痛みを与えることと、そのことで自分自身も傷つくことに対する抵抗感を表している(韓国の「良心による兵役拒否権実現と代替服務制度改善のための連帯会議」のウェブサイト〔http://corights.net/〕〔二〇一八年三月十六日アクセス〕を参照)。引用文は、雨宮処凜「兵役拒否者に「社

会的な死」を強いる韓国、そして世界の現実」(「週刊金曜日」二〇〇八年十月十七日号、金曜日)。

(9)「大部分の会社は、すでに軍隊を終えてる人を取るんです。だから軍隊に行く前だといわゆるいい職にはつけません。韓国の男性にとっては軍隊に行ってきたかどうか、またどういう形で行ってきたかっていうのは一生ついて回る問題なんです。就職する時にもそういう書類は必要です。だから軍隊に行かないって選択をすると、普通の社会生活そのものが営めなくなる。ある意味で軍隊に行かないってことは、社会的に死んだもの同然なんです」(兵役拒否者の林宰城氏の言葉)。同論文から引用。

(10)「平和新聞」二〇〇八年二月二十五日号

(11)松元剛「足跡は傷跡に――基地問題空白の八年」、前掲「世界」二〇〇八年四月号、一七三ページ

(12)武田寛「軍隊ある限り再発は防げぬ」「朝日新聞」二〇〇八年二月十八日付

(13)鄭柚鎮「駐韓米軍犯罪と女性」、徐勝編『東アジアの冷戦と国家テロリズム――米日中心の地域秩序の廃絶をめざして』所収、御茶の水書房、二〇〇四年

(14)「週刊金曜日」二〇〇八年三月十四日号、金曜日

(15)冨山一郎「平和を作るということ」『増補　戦場の記憶』日本経済評論社、二〇〇六年、二三四―二四一ページ

(16)ジュディス・バトラー『触発する言葉――言語・権力・行為体』竹村和子訳、岩波書店、二〇〇四年、七―九ページ

(17)森田実「この敗北を越えて」「週刊金曜日」二〇〇八年二月二十九日号、金曜日

(18)「編集後記」「情況」二〇〇七年十一・十二月号、情況出版

(19)宮上直也「対等な日米関係の構築こそ最大の事件再発防止策」「週刊金曜日」二〇〇八年三月七日号、金曜日

(20) 高里鈴代『沖縄の女たち――女性の人権と基地・軍隊』明石書店、一九九六年、二五―二六ページ
(21) 高里鈴代「女性、子どもの安全保障――安全保障の再定義に向けて」『Militarism and Women』The Korean Church Women United, 二〇〇一年。その点に関してシンシア・エンローは、「(沖縄)九五年の小学生レイプ事件は、騒音被害による聴覚障害や土地の接収とともに、改善を要請する被害リストに加えられた。沖縄のナショナリスト――および男性主導の本土の平和運動の支援者たち――は、フィリピンや韓国における基地反対運動家の非フェミニスト・ナショナリストがやったのと同じことをした。彼らは、外国人兵士による地元女性の性的搾取を、軍事基地は開発と外交の必要経費だとする考え方を拒否するさらなる理由として受けとめた」と指摘する。シンシア・エンロー『策略――女性を軍事化する国際政治』上野千鶴子監訳、佐藤文香訳、岩波書店、二〇〇六年、七〇ページ
(22) 城恵似子「少女の心の傷　誰が償うのか」「朝日新聞」二〇〇八年二月十八日付
(23) 鄭柚鎮「軍事化という過程を想像するということ」『女性・戦争・人権』学会二〇〇七年大会資料集」
(24) 前掲「平和を作るということ」二三四ページ
(25) 「平和新聞」二〇〇八年二月二十五日号
(26) 「週刊金曜日」二〇〇七年十一月九日号、金曜日、二月十九日抗議デモのプラカード。
(27) 「毎日新聞」二〇〇八年三月五日付
(28) 森田実「この敗北を超えて」、前掲「週刊金曜日」二〇〇七年十一月九日号
(29) チャルマーズ・ジョンソン「沖縄の〝レイプ〟」、秋林こずえ「家父長制と軍事主義、そして女たちの抵抗」(「インパクション」第百六十三号) 一三〇ページから再引用。
(30) 井上輝子/上野千鶴子/江原由美子/大沢真理/加納実紀代編『岩波女性学事典』岩波書店、二〇

〇二年、一四五ページ

(31) 加藤秀一『ジェンダー入門——知らないと恥ずかしい』朝日新聞社、二〇〇六年、一〇八ページ

(32)「安全保障というものは、そもそもフィクションなのだ」とは、国家や民族を前提にした安保というものが、そもそも誰にとって何がどういう意味で安全なのかという点を不問に付していることを問題にしている。

(33) 同胞によるレイプの被害はどのように意味づけされるのかという点については、金恩実「民族言説と女性——文化、権力、主体に関する批判的読み方のために」(中野宣子訳、「思想」二〇〇〇年八月号、岩波書店)、古久保さくら「満洲における日本人女性の経験——犠牲者性の構築」(「女性史学」第九号、女性史総合研究会、一九九九年)、山下英愛『ナショナリズムの狭間から——「慰安婦」問題へのもう一つの視座』(明石書店、二〇〇八年) を参照されたい。抵抗的民族主義言説により女性の人権が本人が死亡すると承認される問題については、鄭喜鎮「死んでこそ生かされる女性たちの人権——韓国基地村女性運動史一九八六〜九八年」(韓国女性ホットライン連合編『韓国女性人権運動史』山下英愛訳〔世界人権問題叢書〕所収、明石書店、二〇〇四年)。

(34) 鄭柚鎮「痛みを語るということ、聞くということ、あるいは関係性としての痛み——直野章子『「原爆の絵」と出会う』を手がかりにして」、日本女性学会学会誌編集委員会編「女性学」第十五号、二〇〇七年、日本女性学会

(35) 高里鈴代「いつまで米軍の性暴力が繰り返されるのか——沖縄少女性暴行事件」(前掲「世界」二〇〇八年四月号) から再引用。

(36)「朝の三時まで未成年が盛り場にいるということがどうかとは思いますが」。広島県の藤田雄山知事のあいさつのなかであった、アメリカ兵による集団強かん事件に対するコメントの一部。「朝日新

聞」二〇〇七年十月二十二日付

（37）「週刊新潮」二〇〇八年二月二十一日号、新潮社

（38）郡司ペギオ－幸夫『生きていることの科学――生命・意識のマテリアル』（講談社現代新書）、講談社、二〇〇六年、一四九ページ

（39）浅野健一「米軍基地なくせと訴える沖縄二紙」「週刊金曜日」二〇〇八年十月十日号、金曜日

（40）松田道雄「通信第一号　転向と肉体」、思想の科学研究会編『共同研究 転向』上所収、平凡社、一九五九年。また松田の「庶民レベルの反戦とは何か」（松田道雄『私の戦後史』〔「松田道雄の本」第五巻〕、筑摩書房、一九八〇年）も参照されたい。

（41）冨山一郎「凝視すべき身体の言葉」「沖縄タイムス」二〇〇七年九月二十日付

（42）神保太郎「メディア批評」、前掲「世界」二〇〇八年四月号

（43）井原勝介「岩国はどうなっているか――地方自治の危機に際して」「世界」二〇〇八年一月号、岩波書店

（44）カン・インファ「韓国社会の兵役拒否運動を通じてみる男性性の研究」から再引用。梨花大学女性学科修士論文（二〇〇七年）、未刊行、六三ページ

（45）アン・ギョンファン「今度は志願制を」「ハンキョレ新聞」二〇〇五年七月十四日付

第3章　軍事主義に抗する言葉

――二〇一五年安保法案をめぐる政治空間を中心に

鄭柚鎮

1　「安全不保障」

安保法案をめぐって激論が闘わされた二〇一五年夏、ネット上には「本当に徴兵制になるの？」「子供を戦争に送り出さなければいけないの？」といった不安の声があふれていた。またマスコミでも「子供が、孫が徴兵されるのが心配で、初めてデモに参加した」という女性たちの言葉が「まちの声」として報じられ、反対運動は「NO WAR for children」「ストップ戦争法案／若者を戦場に送るな！」「誰の子どもも殺させない！」などのスローガンを掲げていた。

「子供」や「若者」をキーワードとし、徴兵されるかもしれない、戦争に巻き込まれるかもしれないといった恐怖感を表現していた。

安保関連法案に反対する理由はそれだけだったわけではないだろうが、カメラ・アングルは、ベビーカーに乗せられた赤ちゃんの顔や若者の姿に多くの時間を割いていた。こうした注目は、何を意味していたのだろうか、またそれは、どういう視線だったのだろうか。

ケースバイケースで程度の差はあるものの、ジェンダーは軍事主義を作動させる核心的機制であるし、軍事主義自体が性別の二分的な捉え方に依拠する性別化された現象であることはいうまでもない。だが、問題はそれだけではない。

二〇一三年五月には、軍隊と女性をめぐって、政治家の発言が物議を醸した。当時大阪市長だった橋本徹の「慰安婦制度は必要だった。軍の規律を維持するためには、当時は必要だった」とか「(沖縄県宜野湾市の)米軍普天間飛行場に行った時、司令官にもっと風俗業を活用してほしいと言った。司令官は凍り付いたように苦笑いになってしまって。性的なエネルギーを合法的に解消できる場所は日本にはあるわけだから」という発言は、橋本の政治家としての心得をあらわにしただけでなく、軍隊と性の問題がどう捉えられているのかを具体的に示す例となったといえるだろう。

厳しい批判を受けたこの発言と、「子供」や「若者」に焦点を当てた徴兵制反対論は、安保体制下の国民の順位付け、つまり守られるべきものとそうではないものとの線引きに深く関わっている。

これは沖縄、韓国、フィリピン、アメリカ、プエルトリコなどで、基地問題が「被害を受けた女の問題」として述べられたとき、共通して出てきた批判である「安保の問題を女の問題として矮小化するな(安保問題を女性問題にするな)[1]」という主張とも連動する。女性問題とされる事柄を二次的なものと棚上げし、「安全な生活を保障する」ことに値するものとして「子供」や「若者」を持ち上げ動員の対象にするのである。

安全保障という名においておこなわれる順位付けは「安全不保障」に対する言明であると同時に、「安全不保障」を言明しうるという、明確な権力行為である。言い換えれば、安全を保障するという美名のもと、犠牲になる誰かの存在は、事柄の結果としてではなく、前提としてあるのだ。

長年「East Asia -US-Puerto-Rico Women's Network against Militarism」の活動に尽力してきたGwyn Kirk の指摘どおり「軍事主義は、戦争以上のことである。それは戦時より、さらに強力に経済的、政治的、文化的、イデオロギー的に構成されていて、広範囲な制度と実践、価値のシステムと協力している[2]」。

ネットでの「男の子を持っている親は全員気付くべき、子供のいない安倍氏は米国某勢力の言いなりに日本男子を十八歳徴兵制韓国の男子並みにしようしている[3]」といった意見があらわにしているように、軍事主義は「広範囲な制度と実践、価値のシステムと協力し」ながら、戦争に対する恐怖という問題を「子供」「若者」の将来という別の問題に置き換えると同時に、「徴兵制韓国」という他者を作り出す。

はたして、徴兵制をとる社会が専門化した軍事的集団を自衛隊という名をもって抱え込んでいる社会よりも遅れていて、また危険だと言いきれるのだろうか。

「徴」「兵」という暴力性は問題化にしなければならない。だが、そうした議論の前提になるのは、あくまでいかなる文脈からして暴力的なのかといった問いにおいてだろう。議論として取り上げることが議論の外に置かれる者を前提にしてしまうのならば、それは「議」にも「論」にもならないだろう。

「現憲法も沖縄の人々の権利を守ることにはなっていないにもかかわらず、自民党の復古調の「改憲案」が実現すれば、沖縄はますます困難を強いられる[4]」という洞察どおり、安保法案反対闘争は「安全不保障」を法の名の下に正当化する事態に対する抵抗である。自民党の改憲案とは「憲法を変えるというより、憲法において確保されてきた政治の終焉[5]」であり、安保反対闘争はそれに対する抵抗なのである。

問われているのは、誰に対するどのような犠牲を代償に「安全」が「維持」すると語られているのかという、既存の論理そのものである。

「米軍上陸から始まった強姦、殺害、買春等、米軍駐留から派生する日々の女性に向けた暴力のすさまじさの経過を追ってみてもこの基地問題がスペースの問題、基地機能の問題だけではけっしてないことがわかる[6]」という高里鈴代の論考は、軍事力が「価値のシステム」との「協力」を経て顕在化するという点で示唆に富む。

高里は、「若者を戦場に送るな」での「未だ」という想定から「現に」「既に」といったずれを、「安保の問題を女の問題として矮小化するな」という主張から「安保の問題は結局女性の問題である」という知覚を、引き出そうとするのである。

安倍晋三総理がいう「血の同盟[7]」は、やはり「血盟」ということが問題なのではなく、知らない誰かの「血」を「同盟」の前提にするという点、またそうした感覚の共有を強制するという点が問題である。何らかの理由で自らの血を流すという決意と、誰かのそれを「同盟」という建前で操るのは、まったく別件だろう。

このような問題意識に基づいて、本章では、二〇一五年安保法案反対運動の文脈で語られた徴兵制への不安感と、結果として徴兵制の検討が見送られたこと、またそれに通底する「合理性」の意味を考察する。一五年夏の集会での、「血を流すことを貢献と考える普通の国よりは、知を生み出すことを誇る特殊な国に生きたい」[8]という言葉にふれたことが本章の起点になった。

2　「苦役」の「プロフェッショナル」

二〇一五年九月四日にテレビの情報番組『情報ライブ ミヤネ屋』(日本テレビ)に生出演した安倍晋三首相は、司会を務める宮根誠司の、国民は徴兵制が導入されるのではないかと不安を抱いているとの指摘に、次のように答えた。

憲法十八条に、意に反する苦役は憲法違反ですから。まず明文上、明確に憲法違反なんです。たとえばフランスやドイツは、長く徴兵制度をやっていましたがやめました。アメリカもかつてやっていた。では、なぜやめたのか。それはいまや兵士たちも、あるいは軍備も、非常にハイテク化しました。これをしっかりと使いこなせるようになる、一人前の兵士になるためには数年かかるんですね。むしろ素人のような兵隊がいれば作戦、オペレーションが成り立ちませんから、ですからもう徴兵して、まったく素人の人たちをとってきて二年、三年でローテーションというのはとても、むしろ軍にはまったくマイナスですから。これはもう世界の軍事的に、これは非常識になっているということははっきりと申し上げたい。

これに司会の宮根が、素人に教えるには時間もかかると言及すると、「かえってこれは負担のほうが大きくなってしまうんですね」と安倍首相は強調した。

兵役の問題がたとえながら「苦役」だというなら、戦後一貫して自衛隊を強化してきたことは、どう評価したらいいのだろうか。徴兵されるかもしれないという恐れといった身体の感覚に関する提起が、「素人」を「一人前の兵士」にするのは、軍としては「マイナス」であるため、徴兵制は「非常識」であるというように、制度の合理性の問題に置き換えられるのは、軍事主義の根深さをあらわにするともいえるだろう。

二〇一五年九月二十六日の国会閉会会見で「戦争法案や徴兵制など、無責任なレッテル貼りがおこなわれたのは残念」「根拠のないレッテルははがしていく」と繰り返し強調した総理の胸中には、多くの人々に「苦役」をさせるのは「マイナス」だ、「苦役」は「一人前の兵士」専門家集団に任したほうが「プラス」だという確信があったのかもしれない。戦争への心配を軍事合理性の問題として置き換えてしまう者にとって「戦争法案」「徴兵制」という言葉は、まさに「根拠のない」「レッテル貼り」のように感じられたかもしれないのだ。

戦争に巻き込まれるかもしれないという不安さに対して兵器の「ハイテク化」を根拠に徴兵制の「非常識」性を語るこのようなやりとりは、実は目新しいことではない。

軍事合理性から考えて、徴兵制のメリットが日本にはありません。（略）現在の兵器はハイテク化が進んでいて、コンピュータの知識がなければ使えないようなものばかりです。素人が入ってきて、すぐにどうこうできるという世界ではありません。（略）現代戦において、軍人は徹底したプロフェッショナルでなくてはならず、徴兵制はその面からもコスト面からもデメリットが多いことは先に述べた通りですが、徴兵制を憲法上認めないこととして、その上で軍事組織に対する国民の理解を深め、文民統制を実効あるものとするためには、教育も含めて多大の努力が必要となります。（略）

冷静に考えていただきたいのは、仮に徴兵するとして、その兵士たちにも給与を支払わなければならないということです。無給で働かせることは不可能です。そのようなことにつぎ込む予算は日本にはありません。

お隣の韓国が徴兵制をとっているのは、国境を接している隣国が百五十万人もの兵士を抱えていて、それに対抗する必要があるからです。日本は幸いそういう事情もありません。[9]

現在は軍事技術が発達し、きわめて近代的な装備や兵器となっている。昔からは考えられないような最新テクノロジーを先進国の軍隊は導入しており、町のお兄ちゃんが一年くらい訓練したのでは技術を習得できない。役に立たない兵をいくら集めても仕方ないですから、各国、事実上の志願兵制にしているのです。(10)

「戦場に行かない、行かせない」という言葉に込められた思いは、「心配する」という感情は「徴兵制はデメリットが多い」という説明で消えるものだろうか。殺すことになるかもしれない、また殺される可能性を前提とした軍事組織で「プロフェッショナル」とはどういうことなのだろうか。「プロフェッショナル」と「役に立たない兵」という分類は誰にとって合理的なのだろうか。

戦場に巻き込まれたくない、殺すのも殺されるのもいやだという切実な要求に対する答えが、求められるのは「町のお兄ちゃん」でなく「一人前の兵士」だというのである。それは、答える側の心なさをあらわにしたというよりも、軍事主義が日常の「価値のシステム」といかに「協力」しているかを示している。

戦争への恐怖が軍事的合理性に置き換えられるとき、見えなくなってしまうものこそが軍事主義を作動させるのではないだろうか。人々が暴力によって傷つけたり傷つけられたりすることに自覚的に、無自覚的に慣れてしまう過程を軍事化と呼ぶなら、安保法案をめぐるこうしたやりとりは、日本社会の軍事主義の一面とそのはたらき方を見せたともいえるだろう。

徴兵制を不安がる身体感覚こそが重要だ、国民の声とされるのは尊重されなければならないという主張ではない。心配だ、いやだ、不安だという感情にまつわる言葉が制度の問題や「合理性」の問題に置き換えられてしまうこと、「素人」対「プロフェッショナル」といった線引きが力をもってしまうことの含意である。

　ハイテク化が進んだ時代に求められているのは、軍備を「しっかりと使いこなせる」「一人前の兵士」だという主張は、どのような事柄を前提にしているのだろうか。「合理性」に鑑みて徴兵制の復活はありえないとするならば、「苦役」とされる兵役には誰が就くことになるのだろうか。誰にやってもらうつもりなのだろうか。

「自衛隊員の命と人権を考える」会がいうとおり、「憲法九条と戦争反対の闘いのおかげで、自衛隊が一人も武力行使で外国人を殺さず、殺されることもなく戦後七〇年を迎えることができた」のかもしれない。

　しかし、「意に反する苦役は憲法違反」という空気のなかで、「自衛隊員の命と人権」は守られるのだろうか。「自衛隊員の命と人権を考える」人々のそれは守られるのだろうか。

3　「選択」という「責任」

　二〇一五年夏、「苦学生求む！」というコピーを掲げた防衛医科大学校の学生募集案内がインターネット上で話題になった。「苦学生求む！」のすぐ下には、「医師、看護師になりたいけど…お金はない！（略）こんな人を捜しています」と書かれていた。また、案内文は自衛隊の募集窓口となる神奈川地方協力本部の川崎出張所から川崎市内の高校生たちに送付されたという。

案内文は、ネットで「経済的徴兵制そのもの」「恐ろしい」と批判され、同出張所は「経済的理由で医師や看護師の夢を諦めている若者に「こんな道もあるよ」と伝えたいと思い、独自に考えた」と説明した。ネット上の批判については「考え方の違いでしょう」[11]と述べている。

しかし、そうした「経済的徴兵制」をめぐる論議は、さまざまな形で、すでにおこなわれてきた。二〇一四年五月、文部科学省の有識者会議で奨学金返済の滞納が議題になった際、無職の滞納者に「警察や消防、自衛隊などでインターンをしてもらったらどうか」という意見が、ある委員から出された。ただ「経済的な徴兵に結び付く」との声も出て検討というところまでは展開されなかった。

だが、自衛隊には「貸費学生」制度が存在し、医歯理工系学部の大学三、四年生と大学院生に年間約六十五万円を貸与し、一定期間任官すれば返済を免除している。周知のとおり、防衛医科大学校は、防衛大学校と同じく、卒業後九年間、医師として自衛隊に勤務するという条件付きで学費は無料であり、給料も支給されている。

防衛医科大学校の募集案内があらためて論争になったのは、それが「経済的徴兵制そのもの」だからなのか。もし、そうだとするなら、これまでの自衛隊の存在はどのようなものだったのだろうか。

防衛大学校では、集団的自衛権をめぐって憲法解釈が変更された二〇一四年度以降、任官拒否者が前年の十人から二十五人に急増したという。[12]また「海外派遣を拒否できるのか」「派遣拒否を理由に退職を希望しても認められず、懲戒解雇されてしまうのでは」[13]といった不安も寄せられているという。

軍事研究は加速しているし、「苦学生」を対象にした防衛関連大学への募集も始まっているといわれるが、戦後は「素人」だけでなく、「一人前の兵士」とともに構成されてきた。

奨学金返済の滞納者に「警察や消防、自衛隊などでインターンをしてもらったらどうか」という意見に対して出された「経済的な徴兵に結び付く」という反応、「苦学生求む！」案内文に「経済的徴兵制そのものだ」「恐ろしい」といった批判は、日本社会で働いてきた自衛隊の存在をいないかのようにする考え方である。

軍の「ハイテク化」や「プロフェッショナル」を求めながらも、あたかも現の存在自身がないかのように認識してしまう社会で、「苦学生」は「自衛隊」は彼らの意見を語ることができるのだろうか。

「苦学生求む！」社会を支えている、軍での「プロフェッショナル」という専門化した集団を選択してきた社会性を問わなければならない。

集団的自衛権の行使を可能にする安全保障関連法の問題点が取り上げられるにつれて、自衛隊が言及されることも多くなった。それはアメリカでイラクから帰還した兵士のＰＴＳＤ（心的外傷後ストレス障害）に苦しむ姿を紹介しながら、「自衛官の人権」に対する憂慮を表明したりもする。

二〇〇三年度から〇四年度に在職中に死亡した自衛官の数と死因の統計を訂正して発表した防衛省に関する記事「自衛官の原因別死亡者数を把握していなかった――防衛省のずさんな集計」（「週刊金曜日」二〇一五年七月十七日号、金曜日）もこの点を問題にしている。

防衛省は、従来百九十一人としていた二〇〇四年度の死亡者数を二百七人に訂正したのをはじめ、〇九年度は百六十八人を百八十五人に、一〇年度は百四十三人を百五十五人に、一一年度も百五十人を百五十六人に、それぞれ改めた理由を、自衛官の原因別死亡者数をこれまで集計していなかったからとした。

この記事を書いたジャーナリストの三宅勝久は、「憲法違反が明白な集団的自衛権行使に伴う自衛官の危険度について、安倍首相は〔七月〕八日のインターネット放送で「リスクも減っていく」と述べた。しかし、自衛官の死亡総数という基本的なデータすら防衛省は正確に把握していなかったのだから、安倍首相は口から出まかせを言ったのではないだろうか」「〇三年度〜〇六年度の自衛官の死亡者数をみると、四年続けて二百人を超している。ちょうどイラクやインド洋、クウェートへの派遣が行なわれていた時期だ」とし、「派遣によるストレスや疲労によって死者が増えた疑いはぬぐえない」と結論づける。

確かに安保関連法によって自衛官が危険に晒されるということ、またイラクから帰還した兵士たちが抱える問題を手がかりにして「自衛官の人権」を再考しようとする試みは重要である。しかし、これはあくまで「素人」対「一人前の兵士」という構図を容認してきたという、ある前提からでなければならないだろう。

動き始めた「戦争法」、その強制可決という出来事にもかかわらず、安倍政権が強気でいられるのは、自衛隊の存在を「合理性」という名の下で捉え、自らの選択による責任を果たすべき者としてみる社会の視線が存在するからである。職として自衛隊を選んだのでそれは自業自得だというロジックがはたらくのである。軍事主義は、広い範囲の実践と価値のシステムの協力を得て作動し続けている。

二〇一五年九月、福岡市天神の街頭に立って一人でスタンディングアピールをし始めた富山正樹はやりきれない思いを次のように述べる。

このまま黙っていたら、本当に自分の子供も戦地に送られてしまうかもしれないという危機感ですね。(憲法の解釈が)一内閣の閣議決定で覆されてしまって、しかも、多くの国民の皆さんも非常に疑問を感じて、世論調査なんかを見ると、それこそ八割の方々が、今国会中の成立に対してはやっぱりおかしいと思っていらっしゃいますよね。(略)

自分たちの思っていた政策と違うのであれば、皆さん、どうぞ、「違うものは違う」と声を上げませんか。(略)自衛官として給料をもらって、自らその職業を選んだんだから、もう、「いざとなったら行ってくれ」と国民が納得したうえで背中を押して下さるんだったら、自衛官も立つ瀬があるでしょう。しかし、憲法違反だとか、誰も納得してないとか、ほとんどの人たちが理解もしてないとか、そんな状況で「命をはれ」と言われて、誇りある仕事ができますか…。自衛官たちを見捨てないでほしい。(14)

「自衛官の家族」の声として紹介されたこの言葉は、「〇〇の家族」といった所有格で回収されうるものだろうか。「自衛官として給料をもらって」というある選択に伴う結果と、「八割の方々が」とか「国民が納得したうえで」とかという過程を強調するこの言葉は、自らの選択による責任という捉え方に猛反発しているのではないだろうか。

「自衛官たちを見捨てないでほしい」という言い方をもって発信しようとするのは、「自衛官たち」とともに歩んできた戦後という時間に対する問題提起であり、軍備の「ハイテク化」を求めてきた時間を忘れないでという訴えかもしれない。

そうした「〜かもしれない」といった、ある可能性へのアプローチは、どのようにして、現勢化されるだろうか。問い続けていきたい。

4　軍事化を生きるということ

一九六五年、ベトナムでのアメリカの役割に対する批判が広がり始めたにもかかわらず、七〇年に至るまで反戦運動が草の根的な支持を得ることができなかったゆえんを、六九年までは徴兵された兵隊が大量にベトナムに送られることがなかったという点を端緒として分析するM・スコット・ペックは、軍事専門家集団を雇って、自分たちに代わってやらせて戦争をすました点を問題化する。[15]「いやしくも軍隊というものが必要なものであるならば、人を殺さなければならないときには、自分に代わってダーティーワークを引き受けてくれるプロの殺し屋を雇ったり訓練したりして、殺しに伴う流血を忘れてしまうようなことがあってはならない。殺しを行わなければならないときには、それに伴う苦痛や苦悩を真正面から受け止めるべきである[16]」と主張するペックは、専門化が偶然あるいは無作為におこなわれることはごくまれであると指摘する。
「南ベトナム、クアンガイ省ソンミ村のミライ地区に進撃し、住民たちを虐殺したバーカー任務部隊は、平均的アメリカ市民を代表するものではけっしてない。（略）任務部隊の隊員全員が、それぞれの経歴や自己選択によって、また、米軍部およびアメリカ全体によって設けられている選別制度で選ばれ、一九六八年三月にソンミ村に送られた」ことを例に、ペックは、職業選択の自由に伴う「自己責任の問題」とみなされがちな志願制とは、専門化された集団とは、個人選択と社会選択の結果生まれた特殊な集団であると述べる。(17)

ペックは、痛みとの関わりを重視し、殺すかもしれない／殺されるかもしれないことにまつわる感情、それへのコミットの可能性を確保するには、徴兵制のほうが合理的な選択だと論じる。

二〇一五年安保法案をめぐる日本の政治空間での、「徴兵制に不安がる感性」に対する軍にとって徴兵制は「マイナス」だという答え、「苦学生求む！」募集に対する「経済的徴兵制そのもの」だという批判は、恐れや不安感、また「苦学生」「自衛隊員」があたかも存在しないかのように、身体の言葉が存在しないかのように語られていた点で似ている。

またそれは、二〇〇一年以降本格的に提起され始めた兵役拒否権をめぐる運動、軍隊に耐えることができないという兵役拒否者・忌避者の感性が、軍合理化という名分のもとで「だから志願制にすべき」といった制度転換の問題に置き換えられた、韓国社会で起きたこととも共通している。(18)

軍事力に対抗する感情の問題が制度の問題に置き換えられ矮小化されるのは、日米間の「血の同盟」、朝鮮半島の分断状況といった、それぞれの国の特殊性のせいではなく、戦時よりさらに強力かつ広範囲に、「価値のシステムと協力」する軍事主義の作動の仕方に関わる。

軍事化という過程を生きつつ、それを問題化するという試みはどういう作業なのだろうか。「暴力は新たな暴力を承認すると同時に、暴力の痕跡と現在の暴力の存在を否認する。だから平和を作るとは、幾重にも折り重なった否認の構図を、一つ一つていねいに問題化していく作業なのである。こうした作業の中で暴力の痕跡は再度編集しなおされ、現在の暴力は顕在化される[19]」という、冨山一郎の暴力に対する洞察は、そうした試みにおいて手がかりになるだろうか。「暴力の痕跡」を無化せず、そこから状況を再度編集し直すという再構成の営みは、よりよい代案を作り出すというより、想像と指向に関わる作業である。そのために、これまでとは異なる問いの立て方自体が極めて重要となる。

アメリカ国民が専門化された集団を雇って自分たちに代わって「ダーティーワーク」をやらせて満足したところに問題があるというペックの提起、「自らその職業を選んだ」者は「海外派遣を拒否できるのか」という問い、「自衛隊員の命と人権を考える」者と「自衛隊員」との関係の再考などは、日常での規範意識を問題化している。

兵役のことが「意に反する苦役」にたとえられるほどであるならば、自分にも人にもさせない方向を目指すべきでないだろうか。まずは、ここに問いの軸を置いておきたい。

注

(1) 鄭柚鎮「「安保の問題を女の問題として矮小化するな」という主張をめぐるある政治――感情問題をめぐる政治の葛藤、あるいは葛藤という政治」、冨山一郎／森宣雄編著『現代沖縄の歴史経験――希望、あるいは未決性について』(「日本学叢書」第三巻) 所収、青弓社、二〇一〇年
(2) Gwyn Kirk (East Asia -PR-Hawaii-US Women's Network against Militarism)「軍事主義・軍事化・ジェンダー、そして平和と正義のための女性運動」『「私とフクロウ」資料集』ドゥレバン、二〇〇三年
(3)「男の子を持っている親は全員気付くべき、子供のいない安倍氏は米国某勢力の言いなりに日本男子を十八歳徴兵制韓国の男子並みにしようしている」(http://blogs.yahoo.co.jp/hisa_yamamot/35047316.html) [二〇一八年三月十六日アクセス]
(4) 謝花直美「沖縄を縛る自民改憲案」「インパクション」第百九十一号、インパクト出版会、二〇一三年、四二ページ
(5) 冨山一郎「改憲とは何か」、同誌二二ページ
(6) 高里鈴代『沖縄の女たち――女性の人権と基地・軍隊』明石書店、一九九六年、三〇ページ、鄭柚鎮「駐韓米軍犯罪と女性」、徐勝編『東アジアの冷戦と国家テロリズム――米日中心の地域秩序の廃絶をめざして』所収、御茶の水書房、二〇〇四年
(7) 安倍晋三／岡崎久彦『この国を守る決意』扶桑社、二〇〇四年
(8) 二〇一五年七月十五日安保法案に反対する集会で発表された「自由と平和のための京大有志の会」からの声明書の一部である(京都・同志社大学で)。
(9) 石破茂『日本人のための「集団的自衛権」入門』(新潮新書)、新潮社、二〇一四年、一六九ページ
(10) 佐瀬昌盛「「安保法案」七つの疑問」「週刊新潮」二〇一五年九月二十四日増大号、新潮社、一五ペ

ージ

（11）「毎日新聞」二〇一五年七月二十三日付

（12）同紙

（13）「電話相談自衛官の悩み聞きます　安保法受け二十日に無料電話相談会」「東京新聞」二〇一五年十一月十四日付

（14）「〝安保法一か月〟自衛官の家族は…⇓本日［自衛隊員の命と人権を考える学習会］」（「ちきゅう座メディア・ネット　世界の目　見る・聞く・話す」〔http://chikyuza.net/archives/57531〕［二〇一八年三月十六日アクセス］）から引用。

（15）M・スコット・ペック「第五章　集団の悪について」『平気でうそをつく人たち――虚偽と邪悪の心理学』森英明訳、草思社、一九九六年、二八三ページ

（16）同書二八四ページ

（17）同書二七六―二八一ページ

（18）本書第2章「軍隊がある社会で凝視すべき身体の言葉――志願制への主張（韓国）と基地撤去論（沖縄／日本）をめぐる小考」（鄭柚鎮）。こうした議論のされ方は、現在も続いている。「韓国軍の七〇％程度を示している義務兵たちを全員職業軍人に置き換えて、民間企業並みの平均給料を支給しようとするなら、国防費を大幅に増やさなければならない。だが、韓国の経済がそれを引き受けるにはまだ時期尚早なのではないか」。ムン・ジョンリョル、二〇一五年九月十八日

（19）冨山一郎「平和を作るということ」『増補　戦場の記憶』日本経済評論社、二〇〇六年、二四七ページ

第４章　占領を語るということ

――「沖縄イニシアティブ」と占領状況における「知的戦略」

古波藏 契

1　占領を語るということ、占領状況で語るということ

現在でも沖縄を語る学知の根幹には、継続する占領という問題設定が据えられる。たとえば、その名もまさに「この国は本当に平和なのか――沖縄戦終結から七十年、沖縄の「占領」は終わったのか」と題する対談のなかで、大野光明は「占領を、形を変えて継続しているものとして語れるかどうか(1)」という問いを、占領状況からの離脱の可能性を担う学知のあり方の核心に置いている。

本章の出発点もやはりここに据えられる。だが、それは一九七二年の復帰以降も撤廃されないアメリカ軍統治期の遺制――基地や、そこから派生する事件・事故だけを指して、それを占領と形容

することの是非を問題としてのことではない。

というのも、占領が現在も継続しているのだとすれば、それを対象として語りうる範囲に限定して考えることはできないと思われるからである。先の対談のなかで田仲康博が述べるように、占領状況とは「軍隊がいる風景があたり前になるような社会」なのであり、そこには軍事的暴力とは無縁に、それを自由に対象化して語ることができるような場所は存在しない。

ということは、語られる対象として措定された占領状況は同時に、語るという行為に先行する前提として、二重に設定されなければならないのではないか。冒頭の問いに即して言い換えれば、継続する占領をいかに語るのかということに先立って、占領状況で語ることがどのような行為なのかという問いを立ててみる必要があるのではないだろうか。

確かに、占領という語彙の非歴史的な適用は、現状の矛盾を隠蔽しようとする保守勢力だけではなく、自らの保身のためにそれと結託する買弁勢力の責任を曖昧にしてしまうことを警戒する左派においても悪癖とみなされる。とはいえ発話の意味内容を、それが置かれた状況への問いを抜きに了解してしまうことは、現在も継続する占領状況という問題設定そのものを無効にしてしまいかねない。

これらのことをふまえていえば、「占領を、形を変えて継続しているものとして語れるかどうか」という冒頭の問いは、まったく自明なものではないのである。

本章では、継続する占領状況を問いとして絞り込んでいくうえでの試金石として、一見するとそれと認識を共有するところがまったくないように見える政策提言「沖縄イニシアティブ」を取り上げてみたい。「二一世紀において新たに構築されるべき日本の国家像の共同事業者となること」を宣言したこの提言は、その全文が二〇〇〇年五月に地元新聞二紙に掲載されるや、継続する占領から目を背け、民衆の痛みを切り捨てるものとして多くの批判を浴び、半年以上に及ぶ論争へと発展していった。そのような論争状況を惹起することになる直接的な争点は、たとえば次のような自己提示の是非に集約される。

私たち三人は、アジア太平洋地域において、ひいては国際社会に対して日米同盟が果たす安全保障上の役割を評価する立場に立つものであり、この同盟が必要とするかぎり沖縄のアメリカ軍基地の存在意義を認めている。（略）つまり、我々は基地の告発者なのではなく、安全保障に大きく貢献する地域として、その基地の運用のあり方を生活者の目線で厳しく点検する一方の当事者の役割を果たさなければならない。[2]

提言者自身を指す「私たち三人」によって、「我々」すなわち沖縄民衆の総体が代表され、その名において日米同盟と在沖米軍基地が容認されている。[3]提言者はいずれも琉球大学教授の肩書をもち、いわば、沖縄を代表する知識人の立場から、こうした自画像を提出するという構図になっている。こうした自画像の正統性の是非が、先行する論争の争点になってきた。

一方で提言は、沖縄民衆の名をかたり、自らが支持する政治路線の正当化を企図した政治的プロパガンダとして読まれた。基地と安保によって構成される軍事秩序を所与の前提として追認したうえで、その運用体制の改善と過剰な負担の軽減・補償をめぐる交渉に自らの主体化を委ねる「現状追認論者のことば遊び[4]」あるいは「基地容認・共存論、国策への同化論[5]」。ここに引用した提言の起草者は、いずれも一九九八年に成立した稲嶺惠一県政のブレーンであり、彼らの政治的意図が当時の施政方針に合致したものであることには異論の余地がない。

他方で、提言がその「当事者」を名乗る交渉のテーブルをセットアップする者――すなわち差し向かいに座るもう一方の「共同事業者」からは、すんなりと聞き入れられた。

二つの読みの対立軸がそのように整理されるかぎりにおいて、それは提言がその「当事者」を名乗る交渉という政治路線の是非をめぐって対立する、二つの政治ブロックに対応する。つまりは見慣れた安保論争の図式であり、そのかぎりでは特に論争に付け加えることは何もない。

しかし、「沖縄イニシアティブ」を取り上げるのは、対立する政治ブロックの、いずれに理があるのかを問題にしたいからではない。提言の政治的効果を過小評価するわけではないが、理が通らないからこそ、占領状況という問題設定が議論の出発的に据えられているはずだ。以下、本章で試みるのは、先行する論争に立ち入ってこの出発点を確保し直し、論争を再開すべき論点を再設定することである。

2 共同事業者を名乗る奴隷

「沖縄イニシアティブ」は、二〇〇〇年四月にそれぞれ別々の場所で発表された二つの提言から構成されている。一つは『沖縄イニシアティブ』のために――アジア太平洋地域のなかで沖縄が果たすべき可能性について」と題したもので、当時の首相小渕恵三も参加した国際会議「アジア・太平洋・アジェンダ・プロジェクト」の沖縄フォーラムで、もう一つの『沖縄イニシアティブ』――沖縄、日本、そして世界」は社会経済生産性本部に設置された経済活性化特別委員会（部会長・島田晴雄）で、それぞれ発表された。

これら二つの提言は、日本に対する「告発者」ではなく、既往の「歴史問題」を克服し、その将来像を描くうえでの「当事者」あるいは「共同事業者」の立場に沖縄の「イニシアティブ＝主体性」を見いだすという、その意味内容ではおよそ共通する。しかし、後者の提言については、その形式に関して、若干の注釈が必要である。

前者の提言は、沖縄の側から、過去の「歴史問題」と現在の「基地問題」との分別とをもつことを宣言する形式になっていたのに対し、部会長を務めた島田晴雄がとりまとめた後者の提言では、そのような分別を伴って提示される沖縄の新しい自画像が、「日本全体の改革と活性化」と「近隣アジア諸国など世界の平和と繁栄」の礎として、あらかじめオーソライズされている[6]。つまり、「二一世紀において新たに構築されるべき日本の国家像の共同事業」という主体と、それを名乗る行為との間に、どんな問いも立てる余地がないかのように描き出されている。

しかしながら本章で試みるのは、一見して継ぎ目がない名乗りから主体化までのプロセスのなかに隙間を見いだし、これを押し広げることで、「共同事業者」を名乗る行為のなかに「共同事業者」という主体には還元されない契機を探ることである。したがって議論の焦点はあくまでも、この隙間に維持されなければならない。

これら二つの提言は『沖縄イニシアティブ』に収録され、二〇〇〇年九月に刊行されている。[7] その副題にも登場する「知」という言葉は提言の文面にも多用されるが、このことからすれば皮肉なことに、提言は学術的関心からというよりも、定められた政治的役割を担うべくして起草されたプロパガンダと位置付けられている。

たとえば前者の提言の副題のなかの「可能性」という語に対して「果たすべき」という限定が先行することに端的に表現されるような、日米同盟を既定の枠組みとして黙認したうえで、与えられた可能性を自発的に選択するという論理的な混乱については、すでに多くの批判のなかで指摘されているとおりである。[8] 提言のなかの「共同事業者」という自称のうつろな響きを指して、新川明は「奴隷の思想」と呼ぶ。

ここで注目しなければいけないのは、自らが「共同事業者」となり、「帰属」するという「新しい日本」の国家像について、何一つ自らの構想が示されていないことである。主張されているのは、日本国の国家目的のために沖縄の〝共同奉仕〟を求める国家主義のイデオロギーだけである。これは極論すれば、〝奴隷の思想〟の表明である。[9]

ほかから押し付けられる不当な力を、たとえば一九七二年の日本復帰という選択に伴う自己責任として正当化するような提言を、新川は奴隷道徳の表現と読むのである。しかし、本章の問題設定に即していえば、「奴隷」が「共同事業者」を名乗るとはどのような事態かということが問われなければならない。交渉の「当事者」を名乗ることと、政治路線として用意された交渉を選択することを同一視することはできない。それが所与の選択肢として与えられるわけではないからこそ、「奴隷」なのである。

確かに、提言が登場した背景に照らして、それが稲嶺県政が選択した交渉という政治路線を正当化する役割を担ったことは明らかである。また稲嶺県政が交渉を選択しえたのは、それに先立つ大田県政期に日米特別行動委員会（SACO）を上位の枠組みとしたうえで、沖縄懇談会をはじめとする県と政府との間に折衝機関が準備されていたからだということができる。これらの折衝機関は一九九五年の沖縄アメリカ兵少女暴行事件直後、高揚する反基地運動を背景に大田昌秀がアメリカ軍用地強制使用手続を拒否したことに対して、在沖米軍基地と日米同盟の根幹に支障をきたす事態になることを危惧した日本政府によって設置されたものである。それらが、いわゆる県内移設案をめぐって大田が再度の拒否を表明したことによって断絶の危機に立ち至るのであり、稲嶺県政はこの二度の拒否に挟まれた大田県政と日本政府との「蜜月の時期」への回帰を期して、九八年の県知事選を経て発足するのである。[10]

しかしこうした時期区分に基づいて、交渉と拒否とを類型化された政治の選択肢として了解することはできない。交渉に応じるにせよ拒否するにせよ、それらを施政者の個人的資質に由来するブレと呼んですませたり、あるいは民衆の蜂起が交渉へと持ち込まれたのは裏切り者の暗躍のせいだと指弾して議論を引き揚げてしまうことは、交渉の場面に継続する臨戦態勢を見逃すことになるだろう。

その意味で、のちに稲嶺県政のブレーンとなる比嘉良彦が、先の「蜜月の時期」を「同床異夢」と言い換えていることは示唆的である。[11] ただし「同床異夢」から醒めて顕在化するのは、単に「当事者」間の調停不可能な利害というより、両者の圧倒的に非対称な発話の位置である。この交渉の一方の「当事者」は、自ら名乗ることなしには発話主体としてみなされない奴隷であり続けるのである。自ら奴隷ではないことを証明することによってだけ、その「当事者」とみなされる交渉の場面からは、逆説的に、継続する占領状況が浮かび上がる。依然として奴隷であり続ける者たちが獲得する言葉こそが、占領状況での「知的戦略」に問われなければならない。しかし次節以降で見ていくように、その言葉を交渉の場面での「共同事業者」の言葉から腑分けすることは、容易な作業ではない。

3　継続する占領の鳥瞰図

提言の本文に戻って、「日本の国家像の共同事業者」が名乗られるまでの行論を追ってみたい。

東京中心の一極的なガバナンスがパワー・ダウンし、多元的なガバナンスの必要性が求められている現在において、沖縄もまた独自のガバナンスを発揮すべきだと考えている。その際に重視したいのは、沖縄が「歴史問題」を克服し、二十一世紀において新たに構築されるべき日本の国家像の共同事業者となることである。[12]

自治や自立という言葉で追求されてきた沖縄の政治的主体化の可能性が、ここでは「独自のガバナンス」という語で表現される。それは提言の背景に控える小渕首相の私設懇談会「二十一世紀日本の構想」で提示されていた、日本の安全保障体制のてことしての日米同盟の安定的な運用と、それを支える地域の自立との両立という課題に対する応答として了解しておくべきだろう。[13]そしてこの文言が同時代の政治過程のなかで果たした機能において了解されるかぎりでは、提言はやはり時局に応じて交渉の場にふさわしい沖縄の自画像を提出すべく、歴史像を再構成するプロパガンダにすぎないということになる。伊佐眞一はこれを「民衆不在」の「政治的プロパガンダ」と喝破し、次のように述べている。

「日本の国家像の共同事業者となること」は、その前提として沖縄の近代以降の歴史と戦後このかた基地に苦しめられ続けてきた幾多の人々を情け容赦なく切り捨てることを代償とする。（略）かりに一度そのなかに身を置いたうえでの強弁ならまだしも、さもなければ同じ沖縄人の不幸や痛みを切り捨てつつ高みの見物をしている卑劣漢以外の何者でもない。[14]

日米同盟がアメリカを中軸とするグローバルな軍事秩序の一翼をなしているということをふまえれば、これを国策として支持する「日本の国家像の共同事業者」という主体化の「代償」は、沖縄の自画像から被害者としての歴史経験を捨象することだけではすまない。基地と安保を前提にした「共同事業者」としての主体化について、起草者の一人である大城が「舌足らずであった」として捕捉的に説明しているところによれば、その核心は「応分の負担を引き受ける決意」にある。つまり「日本全体の安全保障を無視した主張では国民のコンセンサスは得にくい」以上、既存の軍事秩序の正当性を認めることが、その負担の漸減と補償をめぐる交渉の「当事者」であるための前提になるのである。[15]

伊佐の批判の焦点は、こうした被害経験の捨象と共犯者への転身とに向けられている。こうして提言の「当事者」の名乗りは、基地と安保が構成する軍事秩序を追認し、その一端を担う共犯者を「日本の国家像の共同事業者」として積極的に捉え直すことで、「沖縄の従属を「自立」と見立て誤表象する」意図のもとに了解されることになる。[16] 話が通じない占領体制と渡り合うべく交渉の「当事者」を名乗り出ることが、占領の継続に与することになるとするならば、伊佐が「戦後」と区別せずに設定する「近代以降の歴史」は、現在もなお継続する宿命的な占領の歴史にほかならない。[17] ここに、提言をめぐる戦局の歴史的鳥瞰図が得られる。

この宿命的な歴史の鳥瞰図を見据えたうえで、そこから身を剝がすべく名乗りを上げるということと、名乗られた自画像が再びこの鳥瞰図のなかに固着されるということとの間隙に、問いの焦点を維持しておこう。

まずは先の伊佐の批判に登場する「切り捨てる」という表現について考えてみたい。いうまでもなく、それは「沖縄イニシアティブ」が提示した自画像から捨象される痛みを問題にしている。注意したいのは、こうした論点が伊佐によって新たに設定されたというよりも、一九九五年以降の政治過程のなかで現実主義を掲げて台頭してくる政治路線のスローガンのなかに、ある意味ではすでに準備されていたことである。

一九九八年一月という県知事選を直前に控えた時期に、「沖縄イニシアティブ」の前兆として位置づけられる鼎談録『沖縄の自己検証』[18]が刊行されている。鼎談の参加メンバーは、のちに「沖縄イニシアティブ」に起草者として名を連ねる高良倉吉や真栄城守定に加え、稲嶺県政に副知事として参画することになる牧野浩隆である。この本は、その副題である「「情念」から「論理」へ」に示されるように、この時期の直接的な関心だった大田県政の「情念」先行を全面的に批判し、「論理」的な方法論の確立を唱えたもので、稲嶺新県政の発足に向けた「〝政治工作〟の書」とみなされている。[19]

だが、ここで確認しておきたいのは、同書であたかも二者択一の政治路線であるかのように設定された「情念」と「論理」という二項の関係が、「沖縄イニシアティブ」を経て、伊佐の批判に至るまでそのまま温存されているということである。提言の本文では、それは「歴史問題」を根拠にした告発にかえて、「普遍的な言葉」で語るべきだという主張として再登場する。

「普遍的な言葉」とは、自らを主張し相手を説得しうるような合理性、論理性を言葉に与えるということであり、その具体的な実践として言葉を武器とする対話・交渉・解決、すなわち「言力」を重視することをいう。[20]

「言力（ワードパワー）」とは、前述の「二十一世紀日本の構想」のキーワードでもあり、この言葉が含意する透明な議論空間こそが、「対話・交渉・解決」の前提となる。[21] しかし一方の「当事者」にとっては所与の前提として与えられるこの交渉の土台も、他方の「当事者」にとっては自らそう名乗ることによって意識的に作り出されなければならないものである。その意味で「日本の国家像の共同事業者」を名乗る提言の「普遍的な言葉」が、「情念」的な語りを捨象し、それに対置するように定義されていることは、逆説的に両者の密接不可分な関係を示唆しているとはいえないだろうか。「沖縄イニシアティブ」が自らを「共同事業者」と名乗り、語ろうとする「普遍的な言葉」には、それが自明の前提とするはずの交渉の土台を、注意深く踏んで確かめるような奇妙な感触がまとわりついているように思われてならないのである。あるいは新川なら、これを奴隷の身ぶりと呼ぶかもしれない。

しかしこうした感触も、「共同事業者」たちの合意が演出される場面ではかき消されてしまう。「日本の国家像の共同事業者」を名乗る提言が、他方の「共同事業者」からの承認を要求するべく起草されたという点については、すでに多くの批判のなかで指摘されているとおりである。そのように想定された読み手の一人である沖縄懇談会の座長・島田晴雄は、提言に言及して次のように述べている。

沖縄は、はじめて主体的な判断によって米軍基地問題を現実的合理的に改善し、それをさらに、沖縄経済の自立発展のための契機として活用できる機会を手にしています。(22)

島田の目線の先にも、評価は異なるだろうが、やはり前述の鳥瞰図があるのだろう。こうした読みにおいて「当事者」を名乗る行為は、交渉のテーブルの上に「共同事業者」として実体化されるのである。島田にとってそれは理にかなった交渉の前進であるが、自ら「当事者」を名乗る者にとっては占領の歴史が論理的必然として宿命づけられる事態でもある。論理上は合意したように見える両者の関係がはらむ亀裂は、どのように表現されるのだろうか。

4　現実主義者のいらだつ身体

右の問いは、ここで新しく提出されたものではない。最近では、アメリカ軍占領統治への協力によって自治と復興を図った現実主義者を主題とする鳥山淳の沖縄戦後史研究のなかに、その先例を見いだすことができる。鳥山の一連の論考は、「沖縄イニシアティブ」に直接言及してはいないが、その登場を横目に見ながら構想されているのである。ここで論争からいったん離れて、前述の問いを鳥山の議論に接続してみたい。

沖縄戦後史で半ば前提とされてきた「協力と抵抗の二極に人々を振り分けようとする思考から距離をとりつつ」、鳥山がその歴史叙述の出発点に据えるのは、「自治と復興の希求において何が問われ、何が賭けられていたのか」という問いである。アメリカ軍政に対して明示的に抵抗を掲げた者と軍政に協力した者という対立図式は、占領下での「自治と復興の希求」が屈折せざるをえなかったことの結果にすぎないのであり、その過程に作動する支配関係を解明することが、鳥山が現実主義という主題のもとに設定した課題である。[23]

ただしここで注視したいのは、占領統治下の狡知な支配関係の実態を明らかにするために設定されたこれらの問いを絞り込む過程で、現実主義者の言葉がはらむ「強いられた協力を選択するほかない現実に対するいらだち」に、鳥山が出会ってしまう場面である。[24] 占領統治への協力を証言する史料から浮かび上がるこの「いらだち」という身体感覚は、何を意味しているのだろうか。鳥山はこれを「協力という言葉に塗り込められた支配関係を感じ続けているがゆえのいらだち」と言い換えることで補足しているが、そこで明瞭になるのは、協力を語る言葉と「いらだち」という身体感覚とが引き裂かれながら隣接しているということであり、協力者を名乗る者の言葉が、協力者という主体に帰することができないという事態なのである。このいらだつ身体に焦点を維持するかぎり、もはや協力者と抵抗者から構成される対立図式を想定することはできない。さりげなく登場するようにに見えるこの「いらだち」という身体感覚こそが、鳥山の実証的な歴史叙述を根底から方向づけているのである。

鳥山は自著の冒頭で、「占領統治への協力に沖縄社会の活路を見出そうとした人々の動き」に焦点を当てる意図について、次のように説明している。

それは、協力の論理が占領下の沖縄社会において人々の支持を集めたことを示すためではないし、その政治路線の可能性を再評価するためでもない。占領統治への協力を唱える動きは、自治と復興の行き詰まりを打開できたわけではなく、占領の現実に直面する中で揺らぎやほころびを抱え込み、それを取り繕いながら存続を図ったが、最後には破綻へと追い込まれることになったのである。(25)

協力を名乗り出る者のいらだつ身体に言葉を接続することは、限られた選択肢のなかでなしえた最善の努力としてこれを擁護することでも、あるいは成果に照らしてその功績を再評価することでもなく、むしろそれによって別の政治へと転轍する可能性を確保すべく介入を試みることなのであり、両者を混同してはならない。ここで要約的に述べられる一連の事態は、「占領への協力を唱える動き」として括られる所与の政治アクターが占めていた場所で生じる動的プロセスであり、鳥山は「いらだち」という身体感覚のなかに、その端緒を確保したのである。

「沖縄イニシアティブ」に話を戻す。「共同事業者」を名乗って交渉に打って出るこの提言を、鳥山の議論の射程の延長線上に捉えるならば、その文面にまとわりついた身体感覚こそが最大の焦点となる。それは「日本の国家像の共同事業者」たちの交渉が合意に達する場面に見いだされるべき亀裂であり、接続すべき新たな戦線となるはずだ。

しかし、アメリカ軍統治期の現実主義者に見いだされる「いらだち」という身体感覚を「沖縄イニシアティブ」に引き移して議論するためには、やはり鳥山自身がこの提言への直接的言及を躊躇しているように見えることの意味を考えておく必要がある。ここで鳥山が慎重に取り置いた論点を、鳥山に代わって展開させた秋山道宏の論考に迂回路を取ってみたい。

秋山によると、提言には「「情念」や「歴史問題」を巧妙に回避することで、危機にあるはずの状状況に対して、主体性や「自己決定」の余地を見いだす」という点で、鳥山が対象としてきたような「現実主義の系譜からしても特異」であるといわざるをえない[26]。秋山において、「沖縄イニシアティブ」という表題からして自発性を強調する提言は、「危機への感受性を得るための回路を自ら閉ざ」すという点で、従来の現実主義者からも区別されるのだ(傍点は引用者)。

秋山が的確にも強調しているように、提言をほかの現実主義の系譜から区別する際の焦点は、単に痛みへの感覚の有無にではなく、それを自ら閉ざすという自発性にある。しかし、ここで自発性を読み取る際に注意しなければならないのは、提言が提示する自画像で意識的にそぎ落とされた身体感覚を、ほかの文書史料から実証可能なかぎりでの尋問や検閲といった既知の暴力の作動を示す指標へと還元してしまう危険性である。そうした外的強制力の不在こそが、提言が痛みを主体的に捨象しているという規定を動かしがたいものとしているのだが、こうした規定の後にも残る身体感覚こそを問わなければならない。

5 「沖縄イニシアティブ」を読み直すための指針

鳥山が用いる「現実主義者」という用語は、沖縄戦後史研究のなかで十分に関心が当てられてこなかった対象を指示するカテゴリーというだけではない。それは占領への協力を証言する史料から、協力者であることへの耐えがたさを読み取ろうとする、鳥山自身の視角を宣言するものである。[27]そして身体感覚とは、「現実主義者」という主体においては了解不可能な事態へと接近するためのさしあたりの手がかりであって、提言者に実体化されるような個別の主体にそれを帰属させてしまっては元も子もないし、彼らが選択した政治路線を時局に照らして擁護・再評価すべきという主張とも関わりがない。

秋山の議論に立ち戻っていえば、そこでの「危機への感受性を得るための回路を自ら閉ざ」すという表現が、伊佐の「同じ沖縄人の不幸や痛みを切り捨て」るという表現に含意されるような、痛みの捨象という問題の再登場であることは明らかである。閉ざす、切り捨てる、捨象するといったこれらの動詞によって表現される事態を、占領状況で名乗るという行為が生み出す状況に重ねることで、冒頭に掲げた問いを再設定してみたい。

すなわち、「情念」を捨象して饒舌に語られる「普遍的な言葉」は、文字どおりに聞き取られれば聞き取られるほど、いらだつ身体を生み出し続けるのではないか。「普遍的な言葉」で「共同事業者」を名乗る者は、占領を触知する奴隷の身体を引きずり続けるのではないか[28]。それは予定調和的な合意へと向かう交渉が、絶えず臨戦状態にあることをも意味しているだろう。

提言がその身に帯びる暴力の知覚をその文面どおりに捨象してしまうことは、皮肉なことに、島田と同じ位置から提言を読むということでもある。「沖縄イニシアティブ」は、それが意識的に捨象した民衆の痛みや情念を突き付けられるまでもなく、それ自身の痛みを抱え込んでしまう。そして繰り返すが、自らを定義する主体の言葉にまとわりついた「いらだち」は、当の主体そのものが、すでに別物であるかもしれない可能性である。交渉の場に実体化される「新しい日本の国家像の共同事業者」という出来合いの主体を追認するのではなく、それが名乗られる場面へと遡及し、別の政治へと向かうベクトルを見いだすこと。ここに、提言が提示する自画像の是非にではなく、名乗るという行為に「沖縄イニシアティブ」論争の論点を移すことの狙いがある。名乗るという行為にまとわりついた「いらだち」という身体感覚は、こうした議論のシフトを担う転轍機にほかならない。

「占領を、形を変えて継続しているものとして語れるかどうか」という冒頭の問題設定は自明な問答ではなくなり、交渉の妥結によって更新される占領の歴史の鳥瞰図の下から、別の勢力図を浮かび上がらせるかもしれない。占領を語るためには、まずはこの新たな勢力図の所在を手探りで確かめるところから始めなければならないのである。

注

（１）「週刊読書人」二〇一五年六月二十六日号

（２）大城常夫／高良倉吉／真栄城守定編著『沖縄イニシアティブ――沖縄発・知的戦略』（おきなわ文庫）、ひるぎ社、二〇〇〇年、五〇―五一ページ

（３）提言の起草者として名を連ねたのは、真栄城守定（地域開発）、大城常夫（経済学）、高良倉吉（歴史学）の三人である。ここに引用した提言の原案を手掛けた高良は、琉球王国史の基礎を築き、復帰後の沖縄歴史研究を牽引した著名な歴史家でもある。その名がこの提言に付されていることの意味は、単に個人的な資質の問題に帰してすますことはできないと考えている。だが、本章でこのことについて議論を展開する紙幅の余裕はないため、別稿を期したい。ここではとりあえず、同様の論点を沖縄戦後史学史の観点から提起したものとして、大里知子「「琉球処分」論と歴史意識」（「沖縄文化研究」第三十八号、法政大学沖縄文化研究所、二〇一二年）をあげておく。提言における主語の混用については、田仲康博の批判を参照（「沖縄イニシアティブを読む③」「沖縄タイムス」二〇〇〇年五月二十五日付）。

（４）新崎盛暉「「沖縄イニシアティブ」を読む」「沖縄タイムス」二〇〇〇年五月二十九・三十日付

（５）比屋根照夫「「沖縄イニシアティブ」を読む」「沖縄タイムス」二〇〇〇年六月二十六・二十七日付

（６）経済活性化特別委員会「「沖縄イニシアティブ」――沖縄、日本、そして世界」社会経済生産性本部、二〇〇〇年、一ページ

（７）経済活性化特別委員会で発表されたほうの提言に関しては高良執筆分だけ収録。全文は社会経済生産性本部のウェブサイトから閲覧可能（http://activity.jpc-net.jp/activity_detail.php）［二〇一八年三月八日アクセス］。ちなみに、起草者としては高良のほかに上原昭（沖縄県企画調整室長）、嶌信彦

（ジャーナリスト）、そして部会長として経済学者の島田晴雄が参加している。
（8）提言における「自発性」の混乱を批判した議論のなかでも、簡潔にまとまったものとしては、新城郁夫『沖縄を聞く』（みすず書房、二〇一〇年）の第二章を参照。
（9）新川明「「沖縄イニシアティブ」を読む」「沖縄タイムス」二〇〇〇年五月十六・十七日付
（10）比嘉良彦『'95～'98新・沖縄レポート』（おきなわ文庫）、ひるぎ社、一九九八年、一九五ページ
（11）同書二〇ページ
（12）前掲『沖縄イニシアティブ』五二ページ
（13）河合隼雄監修、「二十一世紀日本の構想」懇談会『日本のフロンティアは日本の中にある――自立と協治で築く新世紀』講談社、二〇〇〇年、一九〇ページ
（14）伊佐眞一「『沖縄イニシアティブ』を解く⑧」「琉球新報」二〇〇〇年九月十八・十九日付
（15）大城常夫「「沖縄イニシアティブ」の考え方」、前掲『沖縄イニシアティブ』所収、一〇八――一一〇ページ
（16）前掲『沖縄を聞く』四二ページ
（17）森宣雄は論争を振り返りながら、提言を近代以来の帝国の歴史、すなわち「継続中のにが世」の経験のなかに置き直し、伊波普猷の記述に重ねながらそこに「断念」と「懊悩」を見いだしている（森宣雄「越境の前衛、林義巳「復帰運動の歴史」――歴史記述と過去のはばたき・きらめき・回生」、西成彦／原毅彦編『複数の沖縄――ディアスポラから希望へ』所収、人文書院、二〇〇三年、三四三ページ）。本章後段の議論は、これらを「提言者もつらかろう」といった感傷ではなく、提言にまとわりつく身体感覚の問題として検討してみたい。
（18）真栄城守定／牧野浩隆／高良倉吉編著『沖縄の自己検証――鼎談・「情念」から「論理」へ』（おき

なわ文庫）、ひるぎ社、一九九八年
(19) 新川明『沖縄・統合と反逆』筑摩書房、二〇〇〇年、二二〇ページ
(20) 前掲『沖縄イニシアティブ』四八―四九ページ
(21) 前掲『日本のフロンティアは日本の中にある』二一〇―二一一ページ
(22) 島田晴雄「「沖縄イニシアティブ」の発揮を」、宮城辰男／植草益／大城保編著『沖縄経済変革のダイナミズム――21世紀：アジア太平洋の中の日本そして沖縄―発展の方向をさぐる』所収、ＮＴＴ出版、二〇〇〇年、一三三―一三四ページ
(23) 鳥山淳『沖縄／基地社会の起源と相克――1945-1956』勁草書房、二〇一三年、八―九ページ
(24) 同書一九六ページ。同様の「いらだち」についてはほかに、同書一五八―一五九ページ。なお、鳥山の歴史研究における「いらだち」の意味については冨山一郎の指摘に示唆を得ている。Tomiyama Ichirō,"The Question of Self-Governance"*Cross-Currents: East Asian History and Culture Review* : 17(December 2015). 同志社大学〈奄美―沖縄―琉球〉研究センターのウェブサイト（[http://doshisha-aor.net/read/374/]［二〇一八年三月八日アクセス］）から翻訳前の日本語原稿が参照できる。
(25) 前掲『沖縄／基地社会の起源と相克』八ページ
(26) 秋山道宏「日本復帰前後からの島ぐるみの論理と現実主義の諸相――即時復帰反対論と沖縄イニシアティブ論との対比的検討から」「沖縄文化研究」第四十一号、法政大学沖縄文化研究所、二〇一五年、二八二ページ。なお、秋山が「沖縄イニシアティブ」を現実主義の系譜中でも例外と捉える際にとりあえず念頭に置くのは、櫻澤誠によって近年提起されている、「沖縄住民の大多数の賛意を基盤とし、超党派によって組織された行動もしくはそれを目指す志向」としての「島ぐるみ」への合流の可能性である（櫻澤誠『沖縄の復帰運動と保革対立――沖縄地域社会の変容』有志舎、二〇一二年、

一六六ページ)。秋山は、「島ぐるみ」へと転化する知覚の所在を問い、これを「危機への感受性」の有無という問題として立てているのである。本章では、こうした知覚を明言されない痛みの領域にまで引き下ろす試みではあるが、それは必ずしも自覚的な利害の一致において描き出される「島ぐるみ」の定義を前提としてのことではない。

(27) こうした視角は、鳥山自身が先鞭をつけることになる保守勢力研究というよりも、むしろ論考の要所要所に引用される鹿野政直の思想史の作法に連なるものといえるかもしれない。鹿野政直『戦後沖縄の思想像』朝日新聞社、一九八七年、とりわけ第一章と第五章

(28) 森啓輔が指摘するように、ここに酒井直樹が「体制翼賛型少数者(モデルマイノリティ)」と呼ぶ主体化の機制に関わらせて議論することができるだろう(「「人種化」から「統治される者」たちの共同性へ——現代沖縄の社会運動と統治性を考える」「言語社会」第九号、一橋大学大学院言語社会研究科、二〇一五年、四六―四八ページ)。ただし、それは提言者個人に結論的に貼り付けるためのレッテルとしてではなく、その発話行為に焦点をシフトさせる場合にだけ有効な分析の枠組みを提示する。なお、「普遍的な言葉」で語るという行為から、そうすることによって捨象されたはずの語りえない「情念」を再読しうるという視点は、本書第1章「言葉の始まりについて」の冨山一郎の議論に示唆を受けている。

第2部　廃墟の予感

第5章　戦後復興を考える
――鶴見俊輔の戦後

冨山一郎

1　廃墟について

変わる可能性のある現在

復興の前提には、その対象とされた当該社会に対して、危機や災害といった復興しなければならない破局的状況が想定されている。いわばこうした解決し、乗り越えなければならない課題が、復興の前提として設定されているのであり、あえていえばそれは、解決されることが予定されている課題でもあるだろう。課題の設定は、すでに解決の道筋の設定でもあるのだ。またこうした課題は多くの場合数値化され、復興の効果もまた、数値予測として計画されることになる。たとえば生産額や所得水準などは、課題の重要な構成要素となるだろう。またそこでは、対象となる集団とそこに含まれる個人は、予め概念上の前提として明確に区分されている。

ここでまず一切の現実が崩壊する壊滅的状態を想定してみよう。そのような状況は想定しがたいと感じるとしたら、それは今述べたように復興なるものがある種の予定調和的な未来を展望したものであり、一切が壊滅する事態を復興過程から排除しようとする力がそこでは働いているからだ、といえるかもしれない。壊滅的状態を過去や外部に囲い込むことにより、復興という一つの歴史が見いだされるというわけだ。それは復興過程において徹底的に回避され、否認され続ける廃墟を、復興の「ゼロ値」として強引に設定することでもあるだろう。(1)

ところでこうした壊滅的状態に対しては、二つの見方が存在するといえる。まずは、くりかえしになるが、壊滅的状態を救済すべき対象として見なす考えである。またそこには復興という名の歴史が、開始されるだろう。前述したようにこの歴史では、救済すべき他者像とともに補填されるべき欠如が定量的に示され、日常生活はこうした数値において構成され、表現されることになる。廃墟にいる人々は欠如を抱えた救済されるべき人々であり、そこから始まる歴史は、定量的な欠如の補填として定義されることになるのだ。

この補填は、多くの場合国家的な主体による救済や復興の政策において遂行されるが、同時に欠如を商品需要に変え、崩壊状態を商品市場に変えていく事態でもある。こうした国家と資本による復興を、ナオミ・クラインなら「災害便乗型資本主義（disaster capitalism）」というかもしれない。そこでは国家とともに、一切の社会的なるものが商品化される事態として壊滅状態を包摂していく資本が、重要なアクターになる。またこうしたアクターを想定することにより、資本の増殖のための意図的な破壊が計画されることも了解できるだろう。ナオミ・クラインはこの計画を担う知の体系を、「ショック・ドクトリン」とよんでいる。廃墟は回避されるのではなく、復興の前提として計画されるのだ。逆にいえば復興の歴史において、計画された廃墟はいつも潜在的に準備されている。[2]

ところで一切が崩壊した壊滅的状態は、これまでの連続的な主体を支え構成していた時空間自体の崩壊でもある。その中におかれた人々は、現実を一から再度構成するために言葉を探し求める。今起きていることがいかなる事態であり、なぜそうなったかを問い、どうすれば自らの現実を取り戻すことができるのか考えるのである。それは一切が崩壊した破局だが、すべてが可能性に開かれた状態であるともいえる。そこでは復興ということ自体も、前提にされてはいない。

廃墟とは、こうした可能性でもあると考えることもできるのだ。すなわちそれは、社会の崩壊を可能態として見る考えである。一切が崩壊した状態は、何でもありうる未来に開かれた事態なのであり、レベッカ・ソルニットの言葉を借りればそれは、「変わる可能性のある現在（a transformative present）」[3]なのだ。そこでは緊急事態（emergency）[4]は解決されなければならない対象なのではなく、何かが現れ出る（emerge）空間なのである。かかる見方からすれば、最初の救済や復興は、この可能性が消されていくプロセスであると、とりあえずはいえるかもしれない。崩壊した現実から新たに生まれる可能性を、喜びと団結とよぶソルニットは、慈愛に満ちた救済の開始を次のように述べる。

与える者と求める者は二つの異なるグループとなり、受け取る権利があることをまず証明しろと要求する者から食べ物を与えられることには、喜びも団結も生まれない。[5]

壊滅的状態である廃墟は、復興という過程の出発点であると同時に、可能態としての現在なのである。こうした廃墟をめぐる両者の違いは、崩壊した現実における人間像にも現れている。前者の「ショック・ドクトリン」で想定されているのはショックのため一切の感覚がマヒし孤立した人間像であるが、ソルニットは廃墟の渦中で「人々は何をすべきか知っている」と断言するのだ。このソルニットの断言は何か。なぜ断言できるのか。それは次に述べるように、廃墟における言葉の在処にかかわる問いでもある。

「一に満たない、と同時に、二重である」

今述べた廃墟にかかわる二つの考えの位置関係を、もう少し検討しよう。ホミ・K・バーバは、イギリス帝国のインド支配に言及しながら、一方で自由や民主主義という価値規範を掲げる国家が他方で帝国として他者を支配する際に、帝国自らが設定した普遍的に見える価値規範を植民地や植民地住民が満たしていないということが、専制的な統治を正当化する理由になっていると指摘する。そして、この「満たしていない」という状態を埋めていく教導というプロセスにおいて、植民地や植民地住民への政策が構想されるのだ。そこでは植民地主義は、その植民地と植民地住民に対して設定された欠如を満たしていく過程として描かれているといってもよいだろう。

だがバーバは、この過程を成立させる根拠たる欠如を、「一に満たない、と同時に、二重である(less than one and double)」[6]とも述べている。すなわち、「満たない」ことが同時に別の世界の比喩でもあるということであり、そこには「一」である帝国の植民地主義の一挙的崩壊に対する不安が、すでに醸成されている。逆にいえば、すでに常態として存在する崩壊の危機は、まだ「満たない」という事態に無理に置き換えられることによって、不断に回避されているのだ。バーバによれば、学知も含め帝国が作成したあらゆる文書はこの置き換えにかかわっているのであり、そこではしばしば「満たない」ということが、計算可能(calculable)な量的理解において描かれているのである[7]。

この欠如をめぐる無理な置き換えについては、いくつかの点を指摘しておく必要がある。まずそこには事後性を帯びた認知がある。すなわち「一に満たない、と同時に、二重である」という事態は、「一に満たない」と思っていたことが、別の相貌を帯び出すことであり、あえていえば事後的に気がつくことなのだ。バーバは無理な置き換えを担う言葉や文書を「遅延の文法(a syntax of deferral)」[8]とよび、そこではこの「二重である」ことに気づくことを先延ばしにし続ける、言語的秩序が含意されている。

そして第二に、こうした「遅延の文法」は、同時に不安の文法でもあるということだ。すなわちそれは、自らの見立てが崩壊するかもしれないという統治者の不安でもあり、バーバはこの不安を、「ナルシスティックな権威の裏側には権力のパラノイアがある」[9]と述べている。逆にいえば、この不安を押し隠さんとする保身の身ぶりにおいてこそ、救済し教導しなければならない他者にかかわる言語化がなされるのだ。ここに復興という言葉は、生まれることになるだろう。

そして第三に重要になるのは、この欠如が二重になる事態と、その二重化を担う言葉の在処である。それは、すでに言語的秩序によって捕獲されている欠如が、「遅延の文法」と保身の身ぶりに抗いながら別の相貌を帯びて登場することにかかわる言葉の問題といってもよい。すなわち欠如はまずは過去の出発点として事実化され、そこを名辞的なゼロ値にして、まだ「満たない」部分が定量的に語られる。だが他方で、置き換えられ押し隠された欠如が、この遅延の文法の背後に憑くことになる。

「満たない」ということを成り立たせる欠如が、明確な事実として語られるのに対し、この背後に憑いた欠如は、とりあえずはただ徴候的にしか察知できない。したがって欠如の二重性は、二種類の欠如が並置されているということではなく、復興過程を成り立たせる言語的秩序の機能不全であり、かかる言葉の停止をともないながら新たに始まる言語化なのである。いいかえれば、ナオミ・クラインの廃墟における人間像とソルニットの人間像という二つの類型が、事実の問題として並列的に存在しているわけではなく、前者に対して後者は徴候的であり、またその登場は、言語秩序の融解とシニフィアンの連続性に切断をもたらす事態なのだ[10]。

この、欠如の相貌が変態することと既存の言語的秩序の融解と切断が重なるという論点は[11]、先ほども述べたソルニットの、「人々は何をすべきか知っている」という断言にもかかわる。ナオミ・クラインの災害便乗型資本主義にかかわる言説が「ショック・ドクトリン」という学知の集積であるのに対して、ソルニットの「変わる可能性のある現在」にかかわる言葉は、散乱的であり多重的である。たとえば災害を何かが変わる事態であると感知しそこに喜びが生まれたとしても、ソルニットは、「わたしたちの言語には、こういった感情――悲惨さにくるまれてやって来た素晴らしいことや、悲しみの中の喜び、恐怖の中の勇気――を表す語彙すらない」と述べているのだが、他方でソルニットは、廃墟の光景をまるで見てきたかのように生き生きと描き出すのだ[12]。

それは、知っているが言葉では表すことができず、そこにあるとしかいいようのない記述である。またたからこそ、「ある」と断言するしかないのだ。そしてこの断言は、「遅延の文法」が刻む時間とそこに隠された「パラノイア的不安」を、一気に飛び越えようとする飛躍でもあるのだろう。

2　戦後復興

戦後の始まり

前述のような廃墟にかかわる欠如の二重性と言葉の在処を念頭に置きながら、次に、日本の戦後における復興ということを検討し、この二重性がもたらす政治とはなにかということを考えたい。くりかえすが、復興は廃墟を埋めることのできる欠如に置き換えていくプロセスでもあった。だが、その置き換えの手前が存在するのである。まず壊滅的状態が言語化される瞬間に目を凝らし、そこから議論を立ててみたい。

「パット剝トッテシマッタ　アトノセカイ」。広島で被爆し、戦後がはじまろうとする一九五一年に自死した原民喜は、一九四七年に発表した『夏の花』で、原爆によりもたらされた廃墟をこのように表現した。この原民喜の一文に対して直野章子は、「言葉とその意味との関係が崩れてしまったのかもしれない」[13]という注釈を加えている。すなわち直野の指摘は、言葉と言葉が指示する対象との関係が壊れたということであり、したがってそれは、言葉は何かを指示することなく漂い、指示されるべき存在は言葉との関係を喪失したまま、ただモノとしてたたずんでいる事態なのだ。直野はそれを、「モノとしての死」[14]と述べている。

この原民喜の言葉で示されているのは、悲しむべき対象としての廃墟の悲惨さでもなければ、解決すべき課題ということでもなく、あえていえばそうした悲惨さということさえ剝奪された状態、悲しむことさえ不可能な状態である。直野のいう「モノとしての死」は、かかる剝奪を意味している。そして人々は、意味を失ったモノたちの中にいた。廃墟にかかわる言葉は、そこから開始されるのだ。この原爆による壊滅的状態が言語化される瞬間を、いま戦後復興の始まりとして確保しておきたい。

また直野の試みがそうであるように、こうした廃墟の言語化の始まりは、事実としてあるということよりも、戦後という時間への問いとしてある。[15]廃墟が新しい都市に生まれ変わり、原爆ドームが唯一の被爆国を示すモニュメントになり、原子力の平和利用という名の核開発が開始される中で、廃墟は戦後の出発点として過去化されていく。そしてこのプロセスこそ、戦後復興に他ならない。そこでは、「パット剝トッテシマッタ　アトノセカイ」であるにもかかわらず、多くの人々が廃墟の悲惨さを語り、平和を唱えるのだ。だがこの戦後復興には、言葉の外に追いやられていったもう一つの廃墟が張り憑いているだろう。直野のいう「モノとしての死」は、復興という戦後への現実批判としての廃墟でもあるだろう。

くりかえすが、このもう一つの廃墟とは、悲惨な光景ということではない。あえていえばモノたちが、これまでの言葉の呪縛から解放され、新たな意味を担おうとする複数の始まりとして登場したということでもあるのだ。またそこには、これまでの言葉の秩序への内省や批判も含まれるだろう。かかる廃墟には、ある種の解放が間違いなくあるのではないか。たとえば、自らの経験を想起しながら西川祐子は、戦後直後の焼け跡を次のように述べている。

敗戦後の焼け跡に行き交った言説には、それぞれの言葉に指示物があるという新鮮な発見があった。戦時中に流通していたひどく観念的な四字熟語の氾濫にくらべて、頭の中が明るくなるような言葉の解放があった。(16)

「国体護持」や「八紘一宇」といった四字熟語により構成されていた現実が崩壊し、言葉とモノが新しい関係を結ぼうとしているのだ。かかる意味で壊滅的状態は、これまで連続していた言葉の切断でもあるのだ。と同時にその切断は、壊滅的状態に言葉がにじりよる瞬間でもある。西川が「言葉の解放」といったのは、この瞬間を担う言葉たちのことなのだろう。そこでは言葉が現実になり、現実が言葉になる。だがその解放は長くは続かない。西川は続けて、「そのような期間はながくはつづかず、まもなく平和という遠隔シンボルが行き交う。さらに言葉が指示物からしだいに遠くなり、記号だけで世界が構築され、記号に思考が動員される」[17]ようになると述べている。「国体護持」から「平和」へ。それは、文字通り戦後の始まりであり、焼け跡が復興に向かうプロセスでもあるだろう。また焼け跡に解放を見据える西川においては、壊滅的状態が言語化される瞬間と復興を担う言説が明確に峻別されている。先取りしていえば、この接近戦的な峻別こそ、重要でかつ最も困難な問いでもあるのだ。

この峻別は、戦争責任という問題でもある。西川が念頭に置いているのは、上野千鶴子の次のような文章である。上野は戦後女性の平和運動を取り上げて次のようにいう。

戦争から平和への動員目標の転換が、どのような反省の自覚のもとになされたのか、それはそもそも「転換」と言えるものであったのかどうか……[18]。

「反省の自覚」という戦争責任と「言葉の解放」については次節で検討するが、ここで転換かどうかということが問題なのではない。四字熟語から連続してしまう戦後という時間に、壊滅的状態が言語化される瞬間を挟み込み、戦後復興とは別の時空間を想像してみたいのである。西川のいう焼け跡では、四字熟語の戦前も、前に進むべき「平和」な戦後復興も、同時に拒否されている。この拒否が言葉を獲得する時、西川はそれを解放といったのだ。かかる言葉の在処を戦後復興に確保することにより浮き上がる復興とは何か。

お守りの言葉

こうした西川の「言葉の解放」を考えるために、本章では、戦後直後に「思想の科学研究会」を立ちあげた鶴見俊輔の戦後にかかわる文章を参照し、議論を進めたい。なぜなら、結論を先取りしていうならば、鶴見の戦後の始まりにかかわる思考においては、廃墟が言語化される瞬間が見据えられており、あえていえば「遅延の文法」に対していかに言葉を対峙させていくのかという問いが、そこには一貫して存在するからである。

まずは、「言葉のお守り的使用法について」という文章から検討を始めたい。この文章は、一九四六年に創刊されたばかりの「思想の科学」(一九四六年五月)に掲載されたものであるが、文章自体は一九四五年に書かれており、文字通り廃墟の中で生まれたものだ。この時鶴見は、二十四歳である。

この「言葉のお守り的使用法」で鶴見が批判しようとしたのは、西川と同様に、「国体」や「日本的」、あるいは「皇道」といった一連の言葉だ。

「国体」「日本的」「皇道」などの一連の言葉は、お守りとおなじように、これさえ身につけておけば自分に害をくわえようとする人々から自分を守ることができるし、この社会で自分にふりかかりやすい災難からまぬかれることができるという安心感を、この言葉をつかう人々に与えた。[19]

鶴見は廃墟を前にして、これまでの世界を構成していた言葉が、その言葉が指示する言語的な意味内容ではなく、個々の私的な日常の中で「自分を守る」ために運用されてきたと指摘しているのである。こうした戦前・戦中の理解は、鶴見においてはその後も一貫して存在している。たとえばその後の『戦時期日本の精神史』（一九八二年）においても、軍人勅諭や教育勅語に登場する言葉を「カギ言葉」とよび、それを自らの地位を守るための「定期券」だと述べている。[20] そこでは、言葉を使う主体が、言葉が示す公的な意味内容や国家的価値規範を受容するということではなく、自らの利害の保護を目的としているという、言葉の遂行的な意味が看取されている。またこうした「お守り言葉」では、言葉の生産を独占する公の政治と、その言葉を「自分を守る」ために運用する私的領域が、想定されている。いいかえればこの「お守り言葉」において、公の政治と私的領域が浮かび上がるのだ。

ところで、この「言葉のお守り的使用法」を鶴見が発表した同年である一九四六年、丸山真男は「世界」（一九四六年三月）に「超国家主義者の論理と心理」を発表した。この文章で戦後知識人としての華々しいデビューを飾る丸山も、鶴見と同様に「国体」を検討し、そこに「国家的なるものの内部へ、私的利害が無制限に侵入する」構造を指摘したのである。[21] 確かに私的利害が、公であるはずの国家と癒着する事態という点においては、丸山は鶴見の考えと重なっているといえるだろう。しかし丸山がカール・シュミットの「中性国家」を範型にして国体を国家論として論じるのに対し、鶴見はあくまでも私的利害を構成する言葉の問題として、それを考えようとした。そしてこの違いは、一九四五年八月十五日という出来事をどこでとらえるのかということにおいて両者が決定的に異なっているということとも関係する。たとえば丸山は「超国家主義者の論理と心理」の末尾で、次のように述べる。

日本軍国主義に終止符が打たれた八・一五日の日はまた同時に、超国家主義の全体系の基盤たる国体がその絶対性を喪失し今や自由なる主体となつた日本国民にその運命を委ねた日でもあつたのである。[22]

この丸山の文章に、「自由なる主体」を啓蒙する戦後知識人の開始をみることができるだろう。国家の崩壊はすぐさま終止符であり、あえていえば日本国民が自由になり戦後を歩み出す運命の日だったのだ。だが鶴見にとっては違う。一九四六年という同時期に鶴見は、戦後の始まりを次のように述べている。

政府は、戦中から戦後にかけて、同じ系列のお守り言葉をつかってみずからの政策を正当化し、その言葉の指し示す内容を敗戦の危機に際してすりかえたのであった。[23]

丸山が戦後啓蒙を担う知識人として自由を提唱した時に、鶴見は、「国体」「日本的」「皇道」などの一連の言葉と同じ系列の中に、「自由」や「平和」あるいは「民主」が登場するようになると述べているのである。そこで批判されているのは、「これまでのお守りの言葉の体系をのこしておいて政治をやっていこうとする」[24]戦後であり、こうした鶴見の認識においては、戦後とは「お守り言葉の体系」の中に「アメリカから輸入された「民主」「自由」「デモクラシー」などの別系列の言葉がお守り言葉としてさかんに使われるように」[25]なる事態であり、さらにこの「アメリカ系列」以外にも、「ソヴィエト系列」が入り込んできたとされている。[26]あえていえば戦後復興とは、個々の言葉の意味内容ではなく、この「お守り言葉」という「体系」において展開したのであり、この「体系」こそ、バーバのいう「遅延の文法」であるといえるだろう。

そして、眼前に広がる廃墟を前にして進行するこの「体系」の衣替えは、同時に復興の中で廃墟が隠されていくプロセスでもあった。なぜ破局になったのかという内省的問いが、いかに復興するのかという未来計画に置き換えられていったのである。またその内面化とは、個々の言説を受容するということではなく、廃墟を名辞的ゼロとして受け入れ、それを復興の出発点にすることに他ならない。そしてだからこそ、西川のいう「言葉の解放」、いいかえれば廃墟をすぐさま復興に結び付けるのではなく、廃墟を廃墟として抱え込むということにかかわる言葉の在処が、問われることになる。それは言葉とモノとの関係が崩壊した廃墟から始まる言葉を確保することであり、したがってその言葉たちは、指示物が定まらない濫喩的な連結をおこすことになるだろう。

戦争体験と戦争責任

廃墟とは言葉の崩壊であり、説明のつかないモノの世界を抱え込むことであった。くりかえすがそれは解放でもあったが、同時に言葉を求め言語化を希求することでもあった。そして鶴見にとって、戦後に抗して廃墟にかかわる言葉を確保する作業は、重なり合う二つの問題として遂行されたといえる。一つは戦争体験と戦争責任をめぐって、いま一つはサークル運動をめぐってである。まず前者から考えよう。

鶴見は戦争責任という問いを、この廃墟にかかわる言語を希求する営みとしてとらえようとした。すなわち法制度的に定義された法廷を前提にした行為の司法的判断ではなく、廃墟の言語化こそ、「言葉の体系をのこしておいて政治」を再開することへの抵抗なのであり、こうした再開への抵抗として戦争責任を設定したのである。そしてこの廃墟の言語化において重要になるのが、戦争体験である。鶴見は、一九六三年に雑誌「思想」（一九六三年一月）に発表した「サークルと学問」において、次のように述べている。

戦争体験は、たしかに、現代日本人の生活の「底」の一種である。とくに一九四五年八月十五日、敗戦を終戦とよんですりぬけておろうとしたところから、戦争体験の上に手ばやく布をかぶせてそれを底辺化してしまった。[27]

鶴見にとって戦争体験は、過去の出来事にかかわることではなく、戦後の「現代」における「底」なのだ。またここで「すりぬけておろうとした」と鶴見が述べていることこそが、戦後復興に他ならない。あえていえば戦争体験とは、戦後復興という時間の中で消されていった痕跡といえるかもしれない。

そしてそこには、明らかに二つの時間性が想定されている。一つは復興の時間、いま一つは戦争体験において確保されている「底」である。この「底」という言葉は後段で述べるサークル運動の中で再度議論しなければならないが、予め付言しておけば、それは体験者である当事者こそが語ることのできる事実ということではない。あえていえば過去を想起することにより、今を作り変えようとする営みの総体なのだ。

また鶴見は、一九五六年に雑誌「中央公論」（一九五六年一月）に発表した「知識人の戦争責任」において、廃墟を前にして湧きあがった「うらぎられた」という感情を、戦争責任を考える際の戦争体験として重視している[28]。この「うらぎられた」には、後悔という感情が含まれており、なぜ破局に至ったのかという過去、さらには「すりぬけてとおろうと」してきた戦後という時間への内省的問いがあるだろう。あるいはそれは、継続する「お守り言葉の体系」への決定的な違和といってもよいだろう。ここでもやはり、あくまで今が問題なのだ。

鶴見にとって戦争責任とは、「お守り言葉の体系」において展開する、戦前から継続する政治への問いとしてあった。そしてその責任とは、個人や様々な集団が、戦争体験を言語化しそれを内省的に考える営みのプロセスとして想定されている[29]。あえていえば法廷といった制度的判断ではなく、遂行的な言語行為としての責任である。そしてこうした鶴見の戦争体験と戦争責任の設定は、廃墟という埋めようのない欠如を、復興の出発点に据えるのではなく、抱え込む営みでもあったといえるだろう。

この欠如を抱え込むことについて、たとえばジュディス・バトラーはフロイトのメランコリーを再検討する中で、欠如を喪失としてではなく、「喪失を究極的に名づけえないものとして温存する」こととして欠如の「体内化（incorporation）」という議論を展開させている。[30] この「体内化」は、欠如を何かに置き換え換喩的に表現することではなく、あるかないかという問い自体を停止させ、喪失を抱え込んだメランコリックな言語空間を生み出すことを意味している。重要なのは欠如を嘆くことでも補塡することでもなく、抱え込むことなのだ。

またバトラーにとってこうした「体内化」は、欠如を基盤として立ち上がる主体への根源的な批判、あるいは攪乱の可能性としてある。すなわち主体が、主体の前に存在している欠如を自らの基盤として「語ることができるというだけではなく、語らなければならないメタヒストリーとして機能」させる法（父の法[31]）とともにあるのに対して、「体内化」は欠如を、「名づけえないものとして温存する」[32]のだ。そしてこの「温存する」とは、「名づけえないもの」という解説的名辞を与えることではない。それは言葉を希求する営みであり、そこでの言葉は、濫喩的に連なり、主体の基盤を攪乱させ、欠如を基盤としない「わたしたち」を生み出していくことになる。[33]

復興を受け入れることは、このバトラーのいう法を受け入れることであり、それは戦後という時間において想定される主体（日本）にかかわることだといえる。そしてこの法に抗うことは、欠如にかかわる別の言葉と集団性を希求することに他ならない。鶴見の戦争責任とは、かかる希求としてあるのだ。鶴見は廃墟を抱え込んでいくプロセスにおいて、継続する「言葉のお守り的使用法の体系」を問い、この言葉において維持され守られてきた公と私的領域の区分のあり方を問い、復興とは異なる集団性を生み出す端緒を確保しようとしたのだ。戦争体験の言語化とは、かかる集団性への端緒を確保する作業としてある。

そして鶴見は、戦争体験の言語化に言及し、「これがないあいだは、日本の再建は、しないほうがよい」と述べ、「これをしないで日本を再建してしまったら、ひどいことになると思う。今の再建は、それだ[34]」と続ける。くりかえすが、再建など「しないほうがいい」と鶴見が述べた時点では、すでに戦後復興という「再建」は開始されているのであり、したがって希求される言葉は、すでに現前に広がっている復興から徴候的に察知され、その言葉とともに生まれる集団性は、それまでの言語的秩序の融解と切断をともなう断言として登場するだろう。それは、次に述べるサークルにかかわる言葉の問題でもある。

サークル

サークルという言葉が文化運動の集団として登場したのは、蔵原惟人が日本無産者芸術連盟の機関誌でこの言葉を紹介したのが最初だといわれている[35]。その後、一九五〇年代には、職場や学校あるいは地域において多くのサークルが生まれた。そこではパンフレットや文集など多くの媒体が生み出された。こうしたサークル運動を思想史として位置づけようとする試みについては、すでに多くの研究があるが、こうした中にあって鶴見のサークルへの着目は、先駆的な位置にあるといえる[36]。ここでは、これまで述べてきた戦後復興と戦争体験に対する鶴見の考えが、どのような形でサークルへの着目につながったのかということを検討したい。

すでに述べたように、鶴見にとって戦争体験も戦争責任も集団性にかかわる問題であった。そしてこの集団性の問題こそ、鶴見のサークルへの着目に繋がっている。たとえば戦争体験を「底」とよんだ先に引用した文章は、一九四七年四月に長野県で創刊された「山脈」という雑誌と「山脈の会」というサークルにかかわって書かれたものである。このサークルでは、「底辺体験」を語り、書くという作業を続けてきたが、そのなかでも戦争体験が一貫して「底辺体験」の軸であった。そして鶴見は、この「山脈の会」をはじめとするサークル運動を、「みずからの過去への記憶から規範を作り出す」作業とみなし、それを「集団的思考」と述べている。[37]「お守り言葉」において維持されるドメスティックな領域ではなく、別の集団性を生み出す作業は、戦争体験をめぐる言葉を作り上げる作業としてあり、それは鶴見にとっては、やはり廃墟の言語化だった。

この廃墟の言語化と集団の生成については、少し注意深く議論する必要がある。なぜならそれは、欠如を抱え込むという「体内化」にかかわる言葉の問題でもあり、またさらに研究なる行為にかかわる問いでもあるからだ。こうしたことを考える際、鶴見がサークルを担う「大衆」について、「それ自身の虚構性をもち、仮面をまとっている」[38]と述べている点は、決定的に重要である。すなわち鶴見は、人々の語りには「虚構性」が張り憑いているというのだ。

かかる「虚構性」から考えれば、サークルの集団性は、事実として確認される体験や実態を基盤に構成されているのではなく、あえていえば、ありえたかもしれない、あるいはありえるかもしれないという虚構の関係にかかわるといえるのではないだろうか。さらに鶴見は、この集団性が生成するプロセスについて、「サークルの進行途上で自我のくみかえ[39]」が起きていると述べている。すなわちサークル運動においては個の変容と集団の生成が同時に進行するのであり、その変容と生成を担う言葉が「虚構性」を帯びるというのである。ありえたかもしれない、ありえるかもしれない関係性を言葉にし、それが個の変容と集団の生成のプロセスを担うのだ。

廃墟を補塡し回復しなければならない欠如として設定し、「お守り言葉の体系」とともに戦後復興が展開する中で、鶴見が見出そうとしたのは、廃墟から別の集団性が生成する可能性であった。鶴見にとってサークルとは、こうした可能性の問題だったのである。かかる鶴見のサークルへの認識について、いくつかの論点を確認にしておきたい。

まず、今も述べたようにそこにかかわる言葉が「虚構性」を帯びるという点である。すなわち確認しておかなければならないのは、鶴見は、戦後復興を構成する「お守り言葉」に対して、現実にそくした言葉を対峙させているわけではないということだ。そしてこのことと関連して第二に指摘すべきは、虚構対現実の争いではなく、いかなる集団性を作り上げるのかという点こそが、サークルにおいて重要だという点である。すなわち、戦後復興とサークルの決定的な分岐は、「お守り言葉」においては国家と私的領域が前提として区分されているのに対して、サークルの集団性では「自我のくみかえ」が起きるのであり、個の変容と集団の生成が重なり合いながら展開するのだ。またそのプロセスは、廃墟を抱え込むことにより確保されている。

それはあえていえば、バトラーがいうような父の法を拒絶する欠如の「体内化」であり、またサークル運動における言葉の「虚構性」が担うのは、「お守り言葉」によって「自分を守る」というような公と私的領域の区分において描かれる保身的な主観的世界ではなく、「個人とか夫婦家族に依拠しない新しい形態の主観性[40]」の創出なのかもしれない。[41]

3　研究するということ

最後に、戦後復興を再考するということ、すなわち復興を構成している言葉それ自体を批判的に検討するということを、鶴見が見出したサークルと研究の関係を考えながら述べておきたい。そこでも論点は、やはりこの言葉の「虚構性」にあるだろう。たとえばサークルに戦後復興と異なる現実があることを事実確認的に記述しようとする研究者は、この「虚構性」に躓くことになるだろう。あるいは、サークルで言語化される戦争体験は、本当にあった体験なのか。もし事実を確認しその嘘を暴くことが研究というのなら、戦後復興という現実は揺らぐことなく追認されるだろう。

そしてサークル運動を記述する者が行う作業が、その嘘を暴くことではないとするならば、そこで生成する集団性について論じたり記述したりする研究は、いかなる行為なのか。それは文字通り他者を実態的に想定しようとする人類学的フィールドワークにかかわる問題であるともいえるが、本章にそくしていえば、前述したソルニットの「変わる可能性のある現在」にかかわる言葉が、断言的でありかつ散乱的であることにかかわる。「なぜサークルを研究するのか」という問いの中で、鶴見は次のように述べている。

サークルそのものが書くという方法をかならずしも必要としないものとしてあり、それに共感を持つ私たちとしては、なるべく、書くことに食われない姿勢を保つことを必要と感じてきた。だから、書くということでは成果は小さいけれども、この十五年間にさまざまな状況に出会って、自分たちの感覚を延長し拡大するという機会には恵まれた。そのことがいくらかは、書くことの上に影響をもっているものと望みたい。[42]

ここで鶴見が述べているのは、事実を明らかにすることでもなければ、真偽をめぐる判断でもなく、研究する者が、「書くことを必ずしも必要としない」ということに「共感」しながら、「自分たちの感覚を延長し拡大する」ようなサークルの研究だ。かかる研究行為とは一体何か。鶴見はそこで、サークルを研究するサークルという問いを設定する。[43]すなわち研究において語られる言葉もまた、「研究対象の性格を分かち持って」いるのである。[44]そしてこの設定は、すぐさま研究もまた「虚構性」を帯びているということでもあり、同時に、研究行為の中で研究者自身の「自我のくみかえ」と研究集団の生成が展開するということを意味しているだろう。あえていえば、研究行為も集団生成の一端を担っているのである。[45]

廃墟を補塡することなく抱え込み、復興とは異なる社会を構成していく可能性を思考することが研究であるならば、研究行為自体がこうした言語の「虚構性」を抱え込みながら遂行的に集団を構成していく作業なのではないか。それは虚構を事実として記述することでも、虚構を虚構として論じることでもない。あえていえば文章化された研究内容が問題なのではなく、研究するという行為においていかなる関係が構成されていくのかということが問題なのだ。研究内容もこの関係性において意味を持つ(46)。

したがって復興を再考する作業は、言葉をピックアップして解釈を加える作業ではない。他方でそれは、さまざまな個別事例をピックアップし、その囲い込まれた経験において政策言説を批判するような事実確認的な民族誌記述とも違う。復興にかかわる言説は「お守り言葉」として日常に内在化しているのであり、そのリアリティを嘘だと暴くことではなく、その閾の領域にかかわる言葉においていて別のリアリティを生み出すことこそが必要なのだ。あえていえば虚構に対して記述者が共にいかなるリアリティを作り上げるのかということが、研究という行為に問われているのであり、かかる意味において集団性は、研究することにおいて拡大するのである。復興過程が基底に押し隠した廃墟から始まるべきは、かかる作業なのかもしれない。

そして、広島と長崎の廃墟を補填するように始まったこの国の原子力の「平和利用」が、またしても廃墟に帰結し、またしても「お守りの言葉」とともに復興が推し進められようとしているこの国の壊滅的状況の中で、私たちは新たな研究サークルを構想しなければならないのだ。

注

(1) ド・マンにそくして修辞学的にいえばそれは、ゼロと名辞としてのゼロにかかわる問いの設定でもある。ポール・ド・マン「パスカルの説得の寓意」、スティーブン・J・グリーンブラット編『寓意と表象・再現』所収、船倉正憲訳（叢書・ウニベルシタス）、法政大学出版局、一九九四年。ド・マンは名辞としてのゼロをゼロの文彩とみなし、ゼロは現実には名辞がなく言葉がないとした。その上でかかる名辞でないゼロに一切が崩壊する「論議無用（sans dispute）」の力を設定し、それが名辞としてのゼロに置き換えることによりその力が見失われるとする。
（2）ナオミ・クライン『ショック・ドクトリン――惨事便乗型資本主義の正体を暴く』上・下、幾島幸子／村上由見子訳、岩波書店、二〇一一年
（3）Rebecca Solnit, *A Paradise Built in Hell*, New York: Penguin Group, 2009. 同書の訳文については、基本的にはレベッカ・ソルニット『災害ユートピア――なぜそのとき特別な共同体が立ち上がるのか』（高月園子訳、亜紀書房、二〇一〇年）に従った。
（4）*ibid*, p.10.
（5）*ibid*, p.47.
（6）Homi K. Bhabha, *The Location of Culture*, London & New York: Routledge, 1994, p.97. 訳文はホミ・K・バーバ『文化の場所――ポストコロニアリズムの位相』（本橋哲也／正木恒夫／外岡尚美／阪本留美訳〔叢書・ウニベルシタス〕、法政大学出版局、二〇〇五年）に従ったが、一部訳し変えたところもある。
（7）*ibid*, p.99.
（8）*ibid*, p.95.
（9）*ibid*, p.100.
（10）フェリックス・ガタリは起源（名辞的ゼロ）から始まる歴史をシニフィアンの連鎖と呼び、その切断（coupure）を「革命的歴史」とよぶ。そして「歴史学とはシニフィアンの切断の波及効果を研究することであり、いっさいがひっくり返る瞬間を把握することである」と述べている。フェリック

ス・ガタリ『精神分析と横断性――制度分析の試み』杉村昌昭/毬藻充訳（叢書・ウニベルシタス）、法政大学出版局、一九九四年、二八二ページ。ガタリにとってこのシニフィアンの連鎖は、言語的秩序に主体が従属していることであり、また切断とは、主体がこの言語的秩序とともに別物に変態していくこととしてある。すなわちそれは、「打ったはずの文字と全く別の文字をよむことになるようなもの」（同書、二八一ページ）に他ならない。

（11）それはソルニットが、既存の秩序が形を失い消尽する不確かな領域を「閾（liminality）」とよぶことにもかかわる。Solnit, *op.cit.*, p. 47. この閾の領域は時空間の崩壊でもある。すなわち、これから何が起きるかわからない。と同時に、すでに何が起きていたのかがわからないのだ。そしてその秩序の消尽には、事態を語る言語的秩序も含まれるのだ。秩序の閾は言葉の閾でもある。

（12）たとえば次のような記述がある。「家を失った人々のテントや、ドアやシャッターや屋根材で間に合わせで作った変てこな仮設キッチンが町のあらゆるところに出現すると、陽気な気分が広がった。月に照らされたあの長い夜には、ギターやマンドリンの爪弾きがどのテントからか漂ってきた」。Solnit, *op.cit.*, p. 15.

（13）直野章子『「原爆の絵」と出会う――込められた想いに耳を澄まして』（岩波ブックレット）、岩波書店、二〇〇四年、一一ページ

（14）同書二一ページ。直野の同書をめぐっては、冨山一郎「特集について」（「特集『「原爆の絵」と出会う』からの始まり」「日本学報」第二十七号、大阪大学大学院日本学研究室、二〇〇八年、一―一八ページ）を参照。

（15）前掲『「原爆の絵」と出会う』で取り上げられている「原爆の絵」は、一九七四年と翌年の七五年、NHK広島放送局の呼びかけで集められたものである。「広島市とその周辺での被爆後の状況をあら

わす絵」の募集がなされ、二千二百枚もの絵が集まった。それから三十年あまり経た後、直野は、絵とともに絵の作者を訪れた。この『「原爆の絵」と出会う』は、直野と、絵の作者、そして絵という三者の出会いにおいて構成されているといえる。
(16) 西川祐子「戦後という地政学」、西川祐子編『戦後という地政学』(「歴史の描き方」第二巻) 所収、東京大学出版会、二〇〇六年、xiii ページ
(17) 同書 xiii ページ
(18) 上野千鶴子「戦後女性運動の地政学――「平和」と「女性」のあいだ」、同書所収一五九ページ
(19) 鶴見俊輔『日常的思想の可能性』筑摩書房、一九六七年、三八ページ
(20) 鶴見俊輔『戦時期日本の精神史――1931～1945年』岩波書店、一九八二年、五〇―五一ページ。また、こうした「お守り言葉」や「カギ言葉」の理解は、鶴見の転向論とも密接に関係している。
(21) 丸山真男『増補版 現代政治の思想と行動』未来社、一九六四年、一六ページ
(22) 同書二八ページ
(23) 前掲『日常的思想の可能性』四一ページ
(24) 同書五六ページ
(25) 同書四二ページ
(26) 同書四五ページ
(27) 同書一三六ページ
(28) 鶴見俊輔『方法としてのアナキズム』(「鶴見俊輔集」第九巻)、筑摩書房、一九九一年、一二六―一二七ページ。この「うらぎられた」という感情については、たとえば吉見義明も指摘している。そこで吉見はこの感情が、戦争協力を前提にした「戦争協力についての悔恨」として検討している。吉

見義明「占領期日本の民衆意識――戦争責任論をめぐって」「思想」一九九二年一月号、岩波書店。またこの点については、冨山一郎『増補 戦場の記憶』(日本経済評論社、二〇〇六年)の第二章を参照。
(29) 前掲『方法としてのアナキズム』一三一ページ
(30) ジュディス・バトラー『ジェンダー・トラブル――フェミニズムとアイデンティティの攪乱』竹村和子訳、青土社、一九九九年、一二九―一三二ページ
(31) 同書一二九ページ。かかる法は、バトラーにおいては女を欠如の位置に据え置く制度でもあり、父の法でもある。またそれは、現実界を前提にした象徴的な言語秩序でもあり、したがってフロイトのメランコリー論からバトラーが展開した「体内化」は、女が語るという問題でもある。
(32) 前掲『ジェンダー・トラブル』一三〇ページ
(33) バトラーの議論をふまえ、基盤をもたず行為遂行的に生成する私たちを、「困難な私たち」として議論したことがある。冨山一郎「書評 困難な「私たち」――ジュディス・バトラー『ジェンダー・トラブル』」「思想」二〇〇〇年七月号、岩波書店
(34) 前掲『方法としてのアナキズム』一三一ページ
(35) 同書九四ページ
(36) 鶴見俊輔「なぜサークルを研究するか」、思想の科学研究会編『共同研究 集団――サークルの戦後思想史』平凡社、一九七六年
(37) 鶴見『日常的思考の可能性』(前掲) 一四二ページ
(38) 前掲「なぜサークルを研究するか」一一ページ
(39) 同論文八ページ

（40）前掲『精神分析と横断性』四九九ページ

（41）上野俊哉は、鶴見の思想も含め、花田清輝、きだみのる、安部公房らの「思想の不良たち」の思想を、フェリックス・ガタリのいう「言表行為の集団的組み合い（collective arrangement of enounciation）」として検討している。上野俊哉『思想の不良たち――1950年代もう一つの精神史』岩波書店、二〇一三年。この上野の議論は、極めて重要である。そこでは既存の個と集団ではなく、機械状の集団性（ガタリにそくしていえば主体集団）を担う思想とは何かという問いが、正面に据えられている。そしてこうした集団の生成が既存の公である制度といかなる抗争を展開するのかということが、次に最大の論点になるのだ。

（42）前掲「なぜサークルを研究するか」二〇ページ

（43）鶴見を中心とした「思想の科学研究会」はサークルを研究するサークルとして、一九六三年一月に「集団の会」を作る。その活動については、前掲『共同研究 集団』。

（44）同書二〇ページ

（45）たとえば鶴見は、こうした研究のあり方を、大学を軸に制度化された学知に対して、「つつみこみ学風」と述べている。前掲『日常的思考の可能性』一二七―一三一ページ。こうした鶴見の学知の議論は、文字通り大学批判、アカデミズム批判としてもある。冨山一郎「接続せよ！研究機械――研究アクティヴィズムのために」（「インパクション」第百五十三号、インパクト出版会、二〇〇六年）を参照。

（46）上野は的確にも、鶴見の思想を、「つながりを見いだす」というより「つながりを作る」思考であると述べている。前掲『思想の不良たち』六六ページ

［付記］本章は、冨山一郎「「開発言説」再考——日本の戦後復興から考える」（「アジア・アフリカ地域研究」第十三巻第二号、京都大学大学院アジア・アフリカ研究研究科、二〇一三年）をリライトしたものである。

第6章　廃墟から紡ぐ絵と言葉
――大田洋子がまなざす原爆ドーム

西川和樹

1　カリフォルニアで見た原爆ドーム

原爆ドームについて思考するときに時折思い浮かぶのは、個人的な経験に基づく一つの風景である。それは、数年前にカリフォルニア州の大学で聴講した、戦争と美術作品をテーマにした連続講義のひとこまだ。照明を落とした教室には多くの受講者が集まり、正面のスクリーンには講義の参照映像が映し出されている。カリフォルニアの乾いた空気と、いつも課題に追われていた焦燥感とともに思い出すのが、この講義で見た原爆ドームの映像だ。熟考を重ねて紡がれた講師の言葉に誰もが聞き入っていたが、自分のつたない英語の力では理解できているとはいえなかった。内容に合

写真1　クシュシトフ・ウディチコ『パブリック・プロジェクション、ヒロシマ』（1999年）
（出典：広島市現代美術館編、クシュシトフ・ウディチコ『パブリック・プロジェクション、ヒロシマ、1999年8月報告書』広島市現代美術館、2000年、14ページ）

わせて次々と映し出される参照映像を、ただ眺めていた[1]。
気がつくと、スクリーンには原爆ドームが映し出されていた。広島を舞台にした、ポーランドの美術家による映像作品で、川に臨む原爆ドームのすぐ下の土手に、被爆の経験を語る語り手の手の映像が投写され、そこに語りの音声が重なる[2]（写真1）。講義の文脈がつかめないまま不意に挿入されたこの映像に強く引き付けられ、この場で原爆ドームに出合うことに驚きながらも、ドームの映像と語られる証言は深く自分の身体に入ってきて、気がつくと涙を流していた。このときの身体の反応は何だったのだろうか。いまでも十分に説明できないが、語られる証言の言葉、自分の知らない物語に加えて、立ち現れた映像に身体が感応したのではなかったか。映し出される原爆ドームと証言者の手は、言葉が語る以上に何かを物語っているように思われた。カリフォルニアで見た原爆ドームは、それまで自分が知っていたドームとは違う、別のものに見えた。それは自分が知っていたドームが崩れる瞬間であり、自分のなかで広島という場所が変わる瞬間だった。このころから、原爆ドームとは一体何なのかと考えるようになった。

原爆ドームを思考するとは、ひとまず原爆ドームがたたずむ風景について考えることだといえるだろう。いま原爆ドームは平和の象徴として揺るぎない地位を得ている。広島では毎年八月六日に平和記念式典が催され、その翌日には原爆ドームの写真を添えた記事が新聞に掲載される。式典の様子を伝えるニュース映像や旅行者向けのガイドブックなど、広島を語るときには原爆ドームのイメージが広く用いられる。

そうした語りのなかで、原爆ドームはもと産業奨励館と呼ばれた建物であり地域の文化活動の拠点であったこと、原子爆弾が投下された周辺には戦後「原爆スラム」と呼ばれる貧民街が広がったこと、にもかかわらず平和記念公園などの建物が次々と周辺に建てられ、その過程で住む場所を失った人々がいたことは、どの程度喚起されるだろうか。また、ドームをこのまま保存するかどうか一九六〇年代まで揺れ動いていたことや、保存に賛成する声の複数性や保存に反対した人々の声をいまも記憶にとどめる人々は、どのくらいいるだろうか。

ドームがたたずむ風景の安易な受容は、被爆に関わる記憶の消費につながりかねないと、批判の対象とされてきた。ドームが広島の風景を象徴する建物、つまり視覚的な存在として私たちの記憶を喚起することに注意しよう。ロザリン・ドイチェ――彼女は冒頭で述べたカリフォルニアでの戦争と美術に関する講義をおこなった研究者である――は、視覚的なものの特性について、「応答よりも制圧へと向けられる視覚的なものは、例えば存在するけれど知りえないもの、私たちがその存在を知りたくないものを見せないようにする否定的な幻影となることがある」[3]と述べる。視覚的なものは私たちの視野を覆い、そのなかで特定の物語を語り、見えないものを隠してしまう。原爆ドームが平和の象徴に見えてしまう瞬間は、別の物語が隠蔽される瞬間でもあり、だからこそドームを平和の象徴として記号化してしまうことは批判されなければならないのである。

しかしその一方で、原爆ドームの記号化を指摘し、これを記号の消費だと単純に否定することもまた、別の次元でのイメージの消費につながるのではないだろうか。ドームが平和の象徴となるまでには、出来事の記憶を失わせないことへの希求があり、生き残った建物を保持しようとする意志があり、象徴とすることで広く共有しようとする方法がある。そうした営みを一概に否定することはできない。平和の象徴として安易に消費される原爆ドームがある一方で、そうはならない別の原爆ドームもある。求められているのは、こうした複数性を丁寧に思考し、言葉にしていくことなのではないか。確かに視覚性には罠があり、ドームを視覚的に捉えることで消失してしまうものがあるかもしれない。しかしそうした視覚性がもつ罠を引き受けながら、視覚性がもつ可能性に賭けて言葉を紡ぐ営みも可能だろう。原爆ドームがたたずむ風景に賭ける瞬間に夢見られるのは、動かしがたいと思われた秩序が異化された別の世界であり、顧みられることがなかった人々や風景へのまなざしであり、そこから紡がれる物語である。

本章の起点となる問いは、視覚的なものを言葉にするとはどのような行為であり、そこにはどのような可能性があるのかというものである。こうした大きな問いについて考察するのは容易ではないが、原爆ドームを思考することはこれに答える一つの試みであるだろう。考察するのは、被爆後まもない時期、象徴性を付与される過程にあったこの建物をまなざした大田洋子の言葉である。彼女の言葉に、原爆ドームを描いた絵を並置することで、そこで視界に捉えられていたものの複数性、そこにありえたかもしれない別のドームの可能性を論じてみたい。

2　廃墟の絵と言葉

被爆直後の広島の廃墟を歩き回り、小説「屍の街」を書いた大田は、のちにこの小説に付けた序文で、書くことの困難について次のように述べる。「小説を書く者の文字の既成概念をもっては、描くことの不可能な、その驚愕や恐怖や、鬼気迫る惨状や、遭難死体の量や原子爆弾症の慄然たる有様など、ペンによって人に伝えることは困難に思えた[4]」。大田のこの言葉をどのように受け止めるべきなのだろうか。

言葉による文学の表現と絵画の視覚表現の間を往復しながら思考して、その営みを言葉で記述しようとしたときにいつも迷うのは、「書く」と「描く」の使い分けである。通常、言葉で表現する場合は「書く」、絵で表現する場合は「描く」のだが、小説家と画家の個々の表現を追っているとその逆もありうるのではないかと思う瞬間がある。すなわち「書く」画家がいて、「描く」作家がいるということである。先に引用した大田の言葉は被爆の経験の表象不可能性を示すものとして参照されることが多いが、ここで考えたいのは「書く」と「描く」の関係についてである。

右の引用文からは大田が廃墟を書くためにさまざまな言葉を当てようとしていることがわかる。「驚愕」「鬼気迫る」「慄然たる」など、街の惨状を描写するために、自身の身体感覚に根差しながらもそれぞれ微妙に響きが異なる言葉を当てはめようとしている。それは、画家が目の前の風景を捉えようとして、微妙な色合いを選びながらそのグラデーションによって光を表現するかのようである。再び「屍の街」の序文の言葉を引けば、「先ず新しい描写の言葉を創らなくては、到底真実は描き出せなかった」[5]のである。そうした「困難」に直面して、大田は「書く」という領域と「描く」という領域の間の揺らぎをみる。「小説を書く者の文字の既成概念をもっては、描くことの不可能な」と述べるときの大田はすでに「描く」姿勢にあり、言葉と風景の間の「既成概念」も揺らぐのである[6]。

この姿勢は、大田が数年を経て再び広島を訪れたときも変わらない。「夕凪の街と人と――一九五三年の実態」（以下、「夕凪の街と人と」と略記）には、こうある[7]。「意識的にあたりの異風景を見た。その意識ははげしかった。この異風景を見るために東京から来たのだった」[8]。大田は、「見る」ことから言葉を紡ぐ作家であり、「描く」作家である。「ペンによって人に伝えることは困難に思えた」大田は、それでも語るべき言葉を求めて広島の街を歩き回る。この困難には、廃墟から新たに紡ぐ言葉によって風景が別のものへと描き変えられる契機もまた予感されているだろう。つまり「困難に思えた」から表現できないのではなくて、そうであるからこそ新たな表現が生まれるのであり、そこに、言葉と風景との往復によって新たな地平が見えてくるのである。大田の言葉は視覚的な視座によって開かれたときに色づき始めるのである。

ところで、視覚的なイメージと言葉との境界が揺らぐ状況は、大田の文章に限らず、被爆の経験を表したほかの表現にも同様に現れている。(9) 被爆後数十年たって広島の人々が自身の経験を描いた「市民が描いた原爆の絵」を見ると、傷つけられ損なわれた人間の身体とそれを取り巻く荒廃した風景のなかに、その状況を表す言葉が書き込まれているものが少なくない。このなかの絵と言葉について直野章子は次のように述べる。

「〔市民が描いた：引用者注〕原爆の絵」には、絵画では表現できない部分を補うために言葉が書き込まれているが、そこにはある特徴がみてとれる。〈ゆでだこのように赤くなり男女の区別もわからない〉防火用水の中の死体。練兵場に散乱する死体の数々は〈黒ゴマをまいたごとしであった〉。川に浮かんだ無数の死体を〈まるで木の葉がういているごとく〉としたひともいれば、〈ちょうど一面にいりこを干したように〉と表現した人もいた。(10)

絵のなかには「男女の区別もわからない」といった状況説明的な言葉や、「いりこを干したように」などの比喩的な言葉が散在する。直野は言葉が絵を「補う」と表現しているが、むしろ視覚的なイメージが絵だけには収まりきらず、言葉となってあふれたという感じである。損なわれ死にゆく身体を「ゆでだこ」や「いりこ」によって表現する言葉は、現在の感覚からすると異様なものに聞こえるかもしれない。直野はこうした言葉について、「原爆が落ちたあとの世界では、私たちが普段使っている言葉とその意味との関係が崩れてしまったのかもしれない」[11]と推察する。同じように、言葉だけでなく絵も既成概念で描くことが不可能となったのではないか。「言葉とその意味との関係が崩れてしまった」世界で、言葉が指し示す対象を失い、さまよい、異様なものへと変容したように、そこに描かれる絵もまた指し示す対象を失い、いままで描かれることがなかった風景が描かれる[12]。表現の場で視覚的な風景と言葉の境界が揺らぐのは、それが指し示す対象との関係が壊れてしまったことの痕跡であり、こうした状況は、廃墟という場で生じる一つの様相である[13]。

冨山一郎は、「言葉とその意味との関係が崩れてしまった」場を思考する直野の議論を参照したうえで、廃墟を戦後復興に関連づけて次のように述べる。

廃墟が新しい都市に生まれ変わり、原爆ドームが唯一の被爆国を示すモニュメントになり、原子力の平和利用という名の核開発が開始される中で、廃墟は戦後の出発点として過去化されていく。そしてこのプロセスこそ、戦後復興に他ならない。そこでは、「パット剝ギトッテシマッタ　アトノセカイ」であるにもかかわらず、多くの人々が廃墟の悲惨さを語り、平和を唱えるのだ[14]。

原民喜が「パット剝ギトッテシマッタ　アトノセカイ」と表現した、人々が損なわれ建物が崩れた世界は、街や人々の痛みが十分に顧みられないまま、復興への出発点とされる。問われなければならないのは、廃墟を復興の出発点とみなすそのまなざしであり、重要なのはそうしたまなざしに抗いながら廃墟という場で言葉を開始することである。廃墟からどのような言葉が開始されるのかという問いはしたがって、戦後がどのような言葉で語られるかを問うことになる。冨山が指摘するように、廃墟は戦後復興の出発点として確認される場所であると同時に、「新たな意味を担おうとする複数の始まりとして[15]」の契機をはらむのである。こうした二重性をもつ廃墟という場を、風景と言葉を往還し、廃墟を見ることで言葉を紡ごうとした大田は、どのような言葉で記述したのだろうか。次節では、大田の「夕凪の街と人と」を参照しながら、原爆ドームを一つの結節点としてこの問いを検討したい。被爆直後、「新たな意味を担おうとする複数の始まり」でもある廃墟という場で、原爆ドームが捉えられていたとするならば、それはどのような瞬間だったのだろうか。

3　大田洋子が描く原爆ドーム

大田洋子が「夕凪の街と人と」で記述する原爆ドームは揺れている。この作品の主人公である篤子＝大田洋子は三年ぶりに広島の街へ帰ってきた。そこで目にしたのは「復興」が進む都市とその街で居場所を与えられない人々の存在である。篤子は平和記念公園に隣接する原爆スラムや川沿いの土手に住む人々に出会い、「戦後」という時間のなかで置き去りにされる声を聞き取る。篤子の案内人でもある稲木という人物は、復興の矛盾について次のように語る。[16]「復興都市建設法の埒外に、いかに多くの人間群がはみだしていてもですよ、マッカーサーは、ワンダフルと云ってね、大賛成でした[17]」。篤子は「埒外」にはみ出したさまざまな人々に出会う。そこに集まった人々は「一口に云えばですね、基町住宅は再起不能者の群ですよ。原子爆弾と引揚者によるね[18]」と稲木は述べる。復興という言葉のなかに位置を与えられない人々の声を丁寧に書き出すことで、大田は、平和の名を冠して進む街の復興のあり方に異議を申し立てる。「夕凪の街と人と」は、第一に、街の復興から排除された人々の物語として読むことができるだろう[19]。

そのうえで問いたいのは、復興の矛盾を全身に感じていた大田が、すでに平和の象徴として定位されつつあった原爆ドームをその目でどのように捉えていたのだろうか、ということである。一九五三年の街の「実態」を描き出そうとした「夕凪の街と人と」で記述するドームはわずかである。しかしその描写にはそれぞれ質感が異なるドームが描かれていて、視覚的なものから広島の風景を描こうとする彼女のドームに注ぐ複雑なまなざしにこそ、戦後の出発点として確認される廃墟ではなくて、「複数の始まり」としての廃墟を考える契機がある。

大田はまず、原爆ドームを以下のように記述する。

　この街に来て、繁華街の銀行の石段に焼きつけられた人影というのや、原爆ドームという見世物的な原爆記念物に惑わされるだけでは満足せず、人間の生活のしんにふれるのであれば、家族の誰かが殺された陰鬱な話を、きかないですませることはむつかしかった。篤子はここでも哀しい様子をした一人の母親と、膝を向い合わせて、耳を澄ませているのである[20]。

ここで描かれているのは、よその土地から広島にやってきた人々が、記念に訪れるような見せ物としての原爆ドームである。[21] 篤子が広島に帰ってきた目的は、そこに住む人々の「生活のしんにふれる」ことであり、復興が進むなかで居場所を与えられない人々の声を「耳を澄ませて」聞き取ることである。原爆ドームに「惑わされ」ていては、そういった声を聞き取ることは不可能である。「夕凪の街と人と」のなかで初めて原爆ドームが記述されるのは、徐々に象徴性を帯びるようになった原爆ドームに対する批判的な視線においてである。

原爆ドームについて考えるようになってから、ドームに向けられるさまざまな視線と出合い直し、右に引いた大田の言葉で記されるようなまなざしがあることを知った。ドームを平和の象徴とすることに抵抗を示す大田のまなざしは、筆者にとってドームを描いた視覚的な作品に出合うことで理解可能となった。ことに先の大田の記述は高山良策が描いた『矛盾の橋』(一九五四年)(写真2)という絵と重なり合い、両者の重なりのなかで大田の言葉はより深く響き、高山の絵は一つの風景を帯びるようになった。それは、一つの作品が別の作品に向かって開かれながら、その過程で小説や絵といったジャンルが溶解し、それぞれが結び付くなかでより深い意味を獲得するようになる経験であった。

高山が作品を描いた一九五四年は広島平和記念公園完成の年で、周辺にはイサム・ノグチがデザインした平和大橋が架けられ、翌年には平和記念資料館の開館が控えていた。[22] 広島の街が平和という言葉で塗り替えられていくこの時期に高山の視線が捉えたのは、被爆都市広島を象徴する、こう

写真2　高山良策『矛盾の橋』（1954年）
（出典：岡村幸宣『非核芸術案内——核はどう描かれてきたか』〔岩波ブックレット〕、岩波書店、2013年、18ページ）

した新たな建物によって押しつぶされる傷ついた身体である。[23]平和という言葉を冠した建物が実は、そこに住む人々の安寧を壊している。原爆ドームも、人々に暴力をふるう建物として機能している。高山は「復興」の暴力性を感知し、傷ついた人々を排除するような広島の現状に異議を申し立てている。大田の先の引用のなかの原爆ドームと、高山が『矛盾の橋』で描いた原爆ドームに共通するのは、見せ物として定位されるドームへの違和である。

しかし一方で、次にあげる原爆ドームへのまなざしは、こうした批判的なものには還元されえない、別の質感を帯びている。

気持の昂ぶりがまだよく吹ききれない頭のまま、篤子は相生橋を渡った。右手には、原爆ドームの骸骨が、濃い灰いろの影をさらしていた。[24]

ここでは原爆ドームが、先の引用とは別のものとして立ち現れている。大田は建物をあたかも傷ついた身体であるかのように描き出し、ドームは「骸骨」と表現される。[25] ここには平和を象徴する見せ物としてのドームではなく、「濃い灰いろ」のなかにたたずむ傷ついた建物としてのドームが捉えられている。[26] ドームを骸骨と呼ぶことは奇異に聞こえるだろうか。ドームの写真を撮り続けた佐々木雄一郎は、この建物について「ほぼ爆央直下にあたる広島県産業奨励館の建物は、鉄骨だけをのこして、すっぽりと円屋根がぬけ落ち、骸骨のような姿になった」[27] と記す。大田も佐々木も、この建物に平和の象徴としての価値を見いだそうとはしていない。被爆したドームに骸骨を見るまなざしは、この建物が骨組みだけになった瞬間に、同じく斃れていった無数の人々の存在を看取する感性を宿している。復興という絵筆で色づけされるなかで、徐々に明るさを取り戻していく街の変化にあらがうように、大田はドームの「灰いろの影」に視線を向けている。大田が廃墟のなかで描こうとしたのは、平和にも復興にも還元されない建物や人々であり、大田のまなざしに捉えられるとき、建物と人々の境界は揺らいでいる。[28] それは街の風景が別のものになる瞬間でもある。そしてこのような視線は「復興」が進むにつれて、失われてしまったまなざしでもある。

一方に象徴性を帯びた見せ物として定位される原爆ドームがあり、もう一方に、生気を失い傷ついた原爆ドームがある。原爆ドームに投げかけられる視線はそれぞれ異なっていて、「夕凪の街と人と」のなかのドームは曖昧なままで揺れている。以下の描写もそれを表している。

一軒の小屋の前を通るたびに、篤子の魂はふつふつと何かが沁みるように痛むのだ。このようなこころの状態こそは神経症と云われる症状ではないのかと、篤子は考える。一軒の小屋をすぎ去っても、心痛は去らないのだ。一つ一つの現象に心をいためる。このような心の不断の傷の状態をただ単に、彼女は自己の神経症のせいだとは考えなかった。眼の前に原爆ドームが見えている。左手には、まるでそれを誇示するように、児童図書館の、キノコ雲を象徴して造られたという、コンクリートの異形の建築物が眺められた。篤子はいやな顔をし、それらを見ないようにしながら、土手のはずれを歩いて行った。[29]

「小屋の前を通るたびに」喚起される篤子の心の痛みは、同時に、この街に住む人々の痛みである。篤子は基町地区の住民と出会うたびに、さまざまな痛みにさらされる。そうした痛みは篤子の痛みとは異なるかもしれないが、両者の痛みは共振している。そして唐突にまなざされる原爆ドーム。視線はすぐに隣接する児童図書館に移るが、この児童図書館もまた、復興を象徴する建物の一つであり、「いやな顔」を見せる篤子はこの建物に明白な拒否反応を見せる。この建築物は「キノコ雲を象徴して造られた」のである。篤子は、街の復興から排除されるようにして暮らす人々のすぐそばにこうした建物がある一九五三年の実態に絶望する。児童図書館のこうした姿こそ廃墟が出発点として確認されることで現実となった復興の姿といえるだろう。原爆ドームはどうだろうか。「誇示するように」と形容される児童図書館の描写とは対照的に、原爆ドームの描写にはどのような定義づけもされておらず、さまざまな読みに開かれている。ドームが現れる直前、彼女は他者の痛みに共感していた。そのとき、原爆ドームが見えてくる。ここまで検討してきたとおり、原爆ドームは、街を作り替える出発点であり、平和の名の下に人々を押しつぶす復興の姿であり、死者の幻影が揺らめくなかでまなざされる骸骨であった。「誇示するように」建てられた児童図書館に隣接するドームもまた復興の秩序を担わされつつあるのだろう。しかし「心痛」がいまだ「去らない」うちに視界に捉えたドームは、骸骨としてのドームへの予感にも満ちている。風景と言葉を往復するなかで大田が垣間見たものは、街の復興が進むなかでドームに与えられる見せ物としての明るさと、街や人々がいまだ傷ついた存在であることを示す「濃い灰いろの影」が混在したドームであり、大田は自らの痛みを描写するなかで、この建物に混在する微妙な明暗を描き出すのである。

おわりに

筆者がカリフォルニアで出合った原爆ドームの映像は、原爆ドームとは一体何なのだろうかという問いを引き起こし、それがたたずむ風景を考察することへとつながった。原爆ドームの風景について考えることは、広島という街がたどった戦後について考えることであり、「戦後」を語るなかで前提とされる「復興」について問い直すことである。原爆ドームという問いは筆者にとって、戦

写真3　福井芳郎『ヒロシマ／ヒロシマ原爆（産業奨励館1947）』（1947／48年）
（出典：美術展図録『ヒロシマ以降――現代美術からのメッセージ』広島市現代美術館、1995年、66ページ）

後や復興という主題を巻き込みながら、被爆という出来事を表現する絵と言葉を通して開かれ、別の原爆ドームがあったのではないかという問いへと変奏されながら、大田洋子の言葉を視覚的な視座から読み解くことへとつながる経験であった。

こうした思考の過程をたどりながら、折に触れて見返してきた一つの絵がある。福井芳郎が廃墟の街を描いた『ヒロシマ／ヒロシマ原爆（産業奨励館一九四七）』（一九四七／四八年）（写真3）という絵だ。この絵の後景に描かれている原爆ドームは、見返すごとに別のものに見え、いつしかこの建物は本当に原爆ドームなのだろうかと思うようになった。初めて見たときは、それはまぎれもなく、原爆による破壊から生き残り、街の復興の出発点となった記念碑的建物である原爆ドームに見えた。しかし、本章での考察の過程でさまざまな言葉やまなざしを検証するにつれて、次第にこの絵の建物に対する見方が変わった。これは生き残った建物なのか、それともいまにも崩れ落ちそうな骸骨なのか。遠近法を排した空間の描き方は、私たちが現在目にするような、平和公園から一直線に眺めるドームの風景を混乱させる。傷ついて歪み、いまにも崩壊しそうなこの建物は復興の象徴としての原爆ドームとはほど遠い。ドームの前に広がる廃墟は、廃墟と言い表せるのかどうかわからないほど、何が描かれているのかを言葉にできないもろもろのものの集合である。そうした廃墟にたたずむ原爆ドームは、私たちが知るドームではなく、廃墟から立ち現れる名付けえない何かなのである。

まなざすという行為、そしてまなざしたものを言葉にするという経験は、一体どのような行為なのだろうか。大田がその目で捉えたドームは、復興という秩序に覆いつくされたいまは、もう消えてしまったものの物語である。原爆スラムは住宅地となり、バラックが点在した川岸は整備され、ユートピアの夢は消失させられた。しかし、いまわれわれが目にする原爆ドームではない、別のドームを垣間見た者は確実に存在したのだ。こうした瞬間を契機として廃墟で生成した言葉や絵について思考することで、別の物語をたどり直すことができるのではないだろうか。言葉と絵の重なりのなかで原爆ドームを思考することで、いままで見慣れていた風景が一変する瞬間をつかむことができる。ドームは復興を成し遂げた結果なのではなく、消された数多くの物語を現出するための問いなのである。風景と言葉を往復することで見えてくる新たな地平とは、原爆ドームを思想とする営みであるのだ。(30)

注

（1）この講義の内容は、以下の書籍として出版された。*Rosalyn Deutsche, Hiroshima after Iraq: three studies in art and war*, Columbia University Press, 2010.

（2）ここで参照されたのは、クシュトフ・ウディチコ『パブリック・プロジェクション、ヒロシマ』（一九九九年）である。なお同作品では被爆者による語りだけでなく、若い世代による語りも含まれていて、複数の声を取り上げている。

（3）前掲 *Hiroshima After Iraq*, p.64.

（4）大田洋子「『屍の街』序」『人間襤褸』（「大田洋子集」第二巻）、三一書房、一九八二年、三〇二ページ

（5）同書三〇二ページ

（6）村上陽子は、被爆の体験を描いた大田の作品を記録とみるか小説とみるかに拘泥する文壇にはこの作品は理解不能のものであったことを指摘して、次のように述べる。「原爆という、既存の文学表現が及ばない出来事を描いた、あるいは原爆がもたらした痛みの持続の中に生きる人々に向き合って紡ぎ出された言葉が「小説」的な完成度の次元で議論されることはあまりにも不毛である。大田が原爆という出来事を語る言葉をつかみ取ろうともがきながら生み出した作品に対して、文壇は既存のジャンル論の枠組みの中での批評を展開するに留まった。（略）『屍の街』と『夕凪の街と人と』に対する批評から読み取れるのは、「記録」か「小説」かの二項対立を決して崩すことなく、出来事を表現する枠組みを権威として措定する域から脱することのできなかった文壇自体が抱えている問題である」（村上陽子『出来事の残響――原爆文学と沖縄文学』インパクト出版会、二〇一五年、二七―二八ページ）。村上が指摘するとおり、大田の記述は記録か小説かという枠組みを再定義するものだった。

本章はこの指摘を引き継ぎながら、さらに大田の記述が風景と言葉の関係を再配置するものとして捉え、考察を進める。

（７）ここでの引用は以下のものからである。大田洋子「夕凪の街と人と――一九五三年の実態」『夕凪の街と人と』（「大田洋子集」第三巻）、三一書房、一九八二年。「夕凪の街と人と」は一九五四年から五五年に執筆・発表された文章であり、副題にあるとおり一九五三年の広島の街を舞台としている。

（８）同書一二ページ

（９）もちろん、こうした混在は広島の出来事を表現したものに限らない。被爆後の長崎の風景を絵巻に残した深水経考『崎陽のあらし』（一九四六年）にも同様に絵と言葉の混在が見られる。

（10）直野章子『「原爆の絵」と出会う――込められた想いに耳を澄まして』（岩波ブックレット）、岩波書店、二〇〇四年、一〇ページ

（11）同書一一ページ

（12）被爆に関わる表現をめぐる視覚的な風景と言葉との関係は、いまだ整理しきれないままである。広島の上空に「ぴかッ」の文字を書き、人々に強い反応を引き起こしたChim↑Pom『ヒロシマの空をピカッとさせる』（二〇〇九年）は、こうした文脈で検討されるべきものだろう。

（13）ジャック・ランシエールは次のように述べる。「言葉はイメージの代わりにあるのではない。それはイメージなのだ。つまり、再現＝表象の要素を分配し直す形式なのである。言葉は、あるイメージを別のイメージに置き換え、言葉を視覚的な形態に、あるいは視覚的な形態を言葉に置き換える比喩形象である」（ジャック・ランシエール『解放された観客』梶田裕訳〔叢書・ウニベルシタス〕、法政大学出版局、二〇一三年、一二五―六ページ）。ランシエールはここで、言葉とイメージの関係を普遍的なものとして設定しているが、本章では廃墟という場に起こりうる一つの状況として捉えたい。

(14) 本書第5章「戦後復興を考える――鶴見俊輔の戦後」(冨山一郎)を参照。

(15) 冨山一郎「「開発言説」再考――日本の戦後復興から考える」「アジア・アフリカ地域研究」第十三巻第二号、京都大学大学院アジア・アフリカ地域研究研究科、二〇一三年、二五六ページ

(16) 「昔はマルクス・ボーイだった」という稲木は満洲開拓から引き揚げてきた農業経済学者である。彼はこの基町住宅でひとつのユートピアを思い描く。「僕は野砲隊の北側の五師団司令部あとを、市から無償で十五万坪借りうけましてね、失業者を集めて農業開拓をやっているんですがね。ろくなものができませんね。「寄り場」の一つをうけもって、デコボコ食堂をやって、遠い夢を見ているわけなんです」(前掲「夕凪の街と人と」四三ページ)。しかし、稲木のこのユートピアが篤子を魅了することはない。川村湊が以下のように指摘するとおり、この時期の広島と満洲には密接な関係がある。「浜井市長が「新京」の都市計画の影響を受けたり、戦後の初代市長である木原七郎が「満洲国」の共和会出身だったり、元「満映」の看板スター李香蘭こと山口淑子が慰霊碑のデザインに関与したりと、戦後の「平和都市・ヒロシマ」と「満洲」との関わりが見え隠れする」(川村湊「トカトントンとピカドン――「復興」の精神と「占領」の記憶」、小森陽一/酒井直樹/島薗進/千野香織/成田龍一/吉見俊哉編『感情・記憶・戦争――1935―1955年2』〔「岩波講座 近代日本の文化史」第八巻〕、岩波書店、二〇〇二年、三三九ページ)。付言すれば、産業奨励館では戦中、満蒙館として満洲の物品が陳列されたことがある。また、広島の廃墟で遺物を収集し、広島平和記念資料館の礎を築いた長岡省吾は、満洲で地質学を学んだ。稲木が提示したユートピア像を篤子が拒絶するのは、満洲の幻影が再現されることへの拒絶だといえるのかもしれない。

(17) 前掲「夕凪の街と人と」二八四ページ

(18) 同書三三ページ

(19) 以下の川口隆行の指摘のとおり「夕凪の街と人と」を現在読む重要性とは、「復興」に対する批判的まなざしを獲得するためだといえる。「「復興」という言葉の響きには、失ったものをすべて元の通りに回復しえるという信頼ばかりか、かつてあったよりもよりよき状態を構築しえるのだといった「未来への楽天主義」が存在しているようだ。しかしながら、『夕凪の街と人と』は、そのような「未来への楽天主義」から遠く離れている。小説に書き込まれた複数の声は、そうした「復興」のありように、激しい違和感をつきつける」（川口隆行「街を記録する大田洋子――『夕凪の街と人と――一九五三年の実態』論」、原爆文学研究会編「原爆文学研究」第十号、花書院、二〇一一年、九〇ページ）

(20) 前掲「夕凪の街と人と」一七〇ページ

(21) 原爆を受けた広島に外からやってくる人々に対する大田のまなざしは厳しい。「夕凪の街と人と」では次のような会話が挿入される。「戦争後は、全国どこでもそうでしょうが、H市の植民地人間の配列はとくに異状なように思われます。市の中心地の繁華街で生々とうごめいてるやつは、焼けた街の砂漠に、なにかの魂胆をもって、他からはいってきた連中ばかりでね。この街の出身者は、八月六日の犠牲者でなくても、隅の方でもさッとして、小さくなっていますね」（同書三〇―三一ページ）

(22) 高山の絵に見られる平和大橋に対するまなざしもまた「夕凪の街と人と」の記述と重なり合う。「夕凪の街と人と」では、この橋について登場人物に以下のように語らせる。「それはね、天才の設計された橋か知りませんけれどね。この街の市民が全部天才だというわけではありませんから、こんな親しみにくい、理解にくるしむ橋は、どうでしょうかね」（前掲書「夕凪の街と人と」一七八ページ）

(23) とはいえ、傷ついた身体を女性の裸体で表現するのは安易である。この作品は「復興」から排除される人々への視座を提供する一方で、被害者としての女性という表象を無批判に反復している。

(24) 同書一九〇ページ

(25) この描写は、大田が被爆直後の数日間を書いた『屍の街』の記述を思い出させる。「電車道へ出た。レールはくねり曲がって、横へはみ出ていた。一台の電車が茶褐色の亡骸となって、流れ出したレールのうえにとりのこされていた」(『屍の街』〔『大田洋子集』第一巻〕、三一書房、一九八二年、七三ページ)

(26) ここでドームの暗さが看取されているのは重要である。米山リサが指摘するとおり、広島の「明るさ」は復興とともに過去の記憶が明るい記憶へと馴致されていった過程であり、その意味で暗いドームを描き出すことは街の記憶の再定義に抗する意味合いをもつ。「広島の「明るい」新たな記憶の景観の生産は、多くの部分で、戦争と原爆の物理的痕跡の一掃や、空間的・時間的な封じ込めを通しての記憶の再定義をともなうものだった」(米山リサ『広島 記憶のポリティクス』小沢弘明/小澤祥子/小田島勝浩訳、岩波書店、二〇〇五年、一〇五ページ)

(27) 佐々木雄一郎『写真記録ヒロシマ25年』朝日新聞社、一九七〇年、一三ページ

(28) ジョン・トリートは以下のように述べる。「実は、『屍の街』における決定的な区分は、「作家/語り手」とほとんど見分けのつかない物理的な廃墟の「光景/被爆者」との間にある」(ジョン・W・トリート『グラウンド・ゼロを書く――日本文学と原爆』水島裕雅/成定薫/野坂昭雄監訳、法政大学出版局、二〇一〇年、二九三ページ)。ここでトリートは作家としての大田の位置を考察しているが、本章にとって重要なのは、建物と人々の境界が揺らいでいるという指摘である。

(29) 前掲「夕凪の街と人と」二一三―二一四ページ

(30) 本章のもとになる着想は荒川理沙「広島における戦後復興史の再検討――廃墟から生まれる言葉たちを手がかりに」(同志社大学大学院修士論文〔未刊行〕、二〇一五年)から得た。ここに謝意を記し

たい。被爆直後に刊行された「中国新聞」を「平和」という言葉を鍵にして読み解いた同論文が示唆するとおり、廃墟のなかで開始された新聞の言葉もまた、原爆ドームがたたずむ風景を異化するのである。

第7章　三月十一日から軍事的暴力を考える

冨山一郎

1　態度ということ

「私は思想は信念と態度の複合だと思っています」[1]。戦時における思想を考えるために鶴見俊輔は、思想をこのように説明した。[2] ここでいう信念というのは、民主主義が重要だといった一般的で普遍的な価値判断であり、態度というのは、ある時代の場面における自分のふるまいにかかわっている。また鶴見の論点は、明らかに後者の態度の方にある。そして鶴見の思想に対するこうした考えは、自らの戦時期の体験に基づいているのだ。すなわち、「私が戦争中に悟ったのは、人の思想を信念だけとして見ない、態度を含めて思想を信念と態度の複合として見る、ということ[3]」なのだ。

こうした戦時期の体験をふまえ鶴見は戦後、戦争に抗する言葉を探し続けたといえる。それは戦後直後に鶴見が述べた、あの「お守り言葉」にかかわる議論に端的に表れているが[4]、そこでいう言葉とは、価値基準に照らし合わせた正しさや誤りというより、まさしくこの態度にかかわることだった。すなわち、多くの人々の生を奪い廃墟に帰結した戦争を正しくないと主張する信念より、戦時の只中における態度にかかわる言葉から、戦後は再出発しなければならないと、鶴見は考えたのだ。廃墟の一般的是非ではなく、廃墟の予感を抱え込んだ日常の中における態度において、言葉が求められたのだ。それは言葉や文章の文字通りの意味内容ではなく、ある場面における身体感覚や身ぶりに結び付くような言葉であり、そうした言葉の在処を、鶴見は凝視しようとしたのである。

こうした言葉を態度において考えることにおいて重要なのは、「自分がそのときに、その場所にいたらどうなったのだろうか[5]」という問いである。がんらい軍事的な暴力にかかわる言葉には、どこかに語る者の身体感覚が帯電している。つまり正しいか正しくないかではなく、語る身体自身が暴力を感知している。やはり怖いのだ。そしてその怖さは、どのような形であれ、日常の態度に反映されるだろう。この態度にかかわる震えや脅えにおいて暴力を考えることなしに、戦争に抗する言葉の在処は確保できないのではないか。正しさにおいて戦争に反対することより、態度にかかわる言葉から戦後は再出発する必要があると、鶴見は考えたのだ。

それはまた、他者の言葉に対する構えの問題でもある。態度にかかわる言葉を凝視する中で鶴見は、「ある思想用語が、右翼起源か左翼起源かということにこだわらなくなった[6]」といい、他者の言葉を自分の言葉として引用する際、引用文献の学会的な意味や意義ではなく、その言葉がどのような身ぶりや態度と結び付いているのかということを重視すると述べている。それはまさしく、他者の言葉に対する構えにかかわることだといえる。こうした構えは、他者の言葉に正しさを求めるのではなく、むしろ結果的に間違ってしまった者の言葉から、態度において思想を再構築しようとする鶴見の一貫した思考でもある。「間違っていたものは間違っていたのか」[7]。この不思議な同義反復的問いかけにより鶴見は、価値的評価から態度の方に、問いを置き直そうとするのだ。戦争に抗する思想を考えるとは、かかる問いから始めなければならないのではないか[8]。

2　三月十一日を言葉にすること[9]

地震が起きた二〇一一年三月十一日から二週間たった三月の下旬だったか、その当時所属していた大学で、教員の年度末の懇親会があった際、その場を主催した教員の一人がこう言い放った。「こんな状況ですから、最初の乾杯は取りやめます」。乾杯を取りやめることと、地震あるいは原発災害とは、一体何の関係があるというのか。「こんな状況」を「時局」といいかえれば、アジア太平洋戦争中、日本においてさまざまな行事で語られたフレーズそのものではないか。一体何が、「こんな」なのか。関係がないことを関係があるように語るその善意の語り口に、その時、胡散臭さを越えて、怒りに近いものを感じてしまった。また一九九五年の阪神淡路大震災の時は、どこまでも「がんばろう神戸」だったのだが、今度は「がんばろうニッポン」だ。そしてそれは二〇一八年の今も続いている。どうして「がんばろうニッポン」なのか。一体、誰が誰に対して「がんばろう」と呼びかけているのか。そして、何をがんばるというのか。根拠のように語られる「こんな状況」も、その根拠において主張される「がんばろうニッポン」も、どちらも平板で空虚なかけごえに聞こえたのである。

二〇一一年の三月十一日から始まった日本社会の言語状況は、驚愕と不安が錯綜しながら、「大変だ」、あるいは「がんばろう」という身ぶりを表明し続けないといけないような、圧迫感の中にある。それは、正当な構成員であるという証しを立てることを、一人ひとりに強要する機制であると同時に、ある種の思考停止であるようにも思える。この思考停止においては、「時局」あるいは「いまは大変な時ですから」という空虚なことばを頭につけることにより、なされるべき議論や違和を封じ込めながら、問答無用で話を前に進めることができるのだ。この違和を封じ込める状況は、支配者の問題だけではない。あえていえば様々な抵抗運動も含めて広がっているように思える。他方で、現在も進行中の事態は、突然の大地震と大災害、そして復興という単線的な動きではない。原子力発電所の事故、それをめぐる東京電力という巨大資本の動き、国の対応、地域社会の問題、またさらに大学が占有してきた学知への問いや、三月十一日以前の社会への内省的な問いも含みこみながら進む、重層的な事態である。

この事態を一つの側面に還元してわかりやすく説明するのではなく、こうした重層的な動きが総体としてどこに向かおうとしているのかということを考えることが、極めて重要であると思う。そしてこの重層的な文脈において軍事的暴力を考えてみようと思う。つまり三月十一日の四年後に登場した安保法制に看取できる軍事的暴力は、軍事力や戦争の範疇を予め定義した上でなされる憲法や国際関係の論議ではなく、この三月十一日以降に浮かびあがった自分たちの日常的状況において、検討されなければならないのではないだろうか。

そしてこうした検討作業において重要なのは、やはり正しい世界の評価ではなく鶴見のいう態度である。いいかえればそれは、政権の動きや国際関係を論じるというより、軍事化が進む日常における態度の問題として軍事的暴力を考えることであり、逆にいえばかかる態度において見いだされる今の状況をまずは言葉において確保する作業である。そのために本章では、こうした三月十一日以降の重層的な事態の展開において看取される軍事的暴力にかかわる様々な徴候を拾い集め、まずは備忘録のように書き留めておきたい。またこの備忘録は、信念的な正しさではなく態度として軍事的暴力を考えるために、自らの身体感覚を言葉として確保しておく作業でもある。

3 防災の共同体

新聞が死者たちを毎日数え上げているさなか、二〇一一年四月十日の東京都知事選で石原慎太郎が、他候補に圧倒的な大差をつけて再選された。彼が勝つということは予想されてはいたが、それでも開票時間に選挙速報をみようとテレビをつけると、すでに当選が確定していた。このタイミングで、石原なのか。暗然たる思いがした。

その石原は、かねてより地震に対する防災を掲げてきた。いや正確にいえば、防災を政治として練り上げてきたといった方がよい。彼が都知事になってすぐに始めた大規模な防災訓練は、未来の地震への備えというより今のテロ対策を名目にした治安出動の訓練であった。この訓練の中で、警察や消防のみならず自衛隊、米軍を、緊急出動という形で一体化していったのである。それはまた、グローバルな文脈で進む警察の軍事化、あるいは軍事の警察化の具現化でもあるだろう。

また石原は治安対策の必要性を、かつて日本が植民地支配をしたアジアの人々への排外主義の文脈で、たびたび表明していた。「災害が起きれば○○人が騒擾を起こすだろう」。石原は、日本の敗戦直後、在日朝鮮人や在日中国人に対して投げかけられた「三国人」という言葉で、この「○○人」を表現した(10)。こうした彼の発言は、一九二三年の関東大震災における朝鮮人、中国人、社会主義者に対する、一般市民と軍、警察が一体となって引き起こした虐殺事件を人々に想起させると同時に、彼のいう治安対策に対して、同様の暴力の可能性を不断に予感させることになる。石原の防災訓練は、したがって、行使するかもしれない暴力が傍らに待機していることを明示する点において、すでに非常事態宣言であり、それはいま、学校や地域住民をボランティアとして動員しながら、全国に広がっている。

立川自衛隊基地で反基地闘争を担う井上森は、この石原の防災訓練を「防災の共同体」という言葉を使って表現している(11)。この共同体を形作っているのは、敵を設定し、そこへの憎悪を掻き立てることにより構成される排外主義的なナショナリズムである。そしてこうした敵探しの背後には、一人ひとりに抱え込まれた不安があるだろう。一人ひとりに抱え込まれた不安を、共通の敵への憎悪において一つに纏め上げていくのだ。と同時に重要なことは、この共同体が、緊急事態という名の下に問答無用で日常に浸透する軍事力により共同体からは外れる者たちを摘発し鎮圧する、あの「テロとの戦い」を髣髴させる社会状態であるということだ。

不安が蔓延する中でこの「防災の共同体」こそが、選挙での圧倒的な支持を石原に与えたのだ。そしてこの「防災の共同体」は復興と重なりながら、空虚な「がんばろうニッポン」の内実として、全国に登場していったように思える。自衛隊の活躍は英雄伝として語られ、朝鮮半島にかかわる軍事行動を想定した日米防衛協力の指針に基づく米軍の災害支援(「トモダチ作戦」)は、善意のお手本として何の議論もなく無条件で受け入れられた。また当時大阪府の知事だった橋下徹が、君が代斉唱で起立をすることを拒否した学校教員に罰則を設けようとしたのも、こうした「時局」の空気を敏感にキャッチしていたからのように思える。「時局」を語りながら、あるいは便乗しながら、問答無用で事を進めようとする者たちが、あちらこちらに顔を出し始めたのである。

こうした中にあって、石原が思い描くこの路上に登場する自衛隊に、何を感じるのかというのは重要な問いだ。すなわち、頼もしいと感じるのか、あるいは自分が殺されると感じるのか。石原のいわゆる「三国人」発言に対して、在日中国人である徐翠珍は、次のように述べている。

何十年かぶりで「ゾクッ」と背筋が凍り付く感触がよみがえった。私にとっては、ほとんど忘れかけた感触である。(12)

そこでは「ゾクッ」という身体感覚とともに、子供のころに近所のおじさんから聞いた自警団に殺されそうになった関東大震災の記憶が、思い出されている。この想起において身体が帯びるのは、自分が殺されるという感触だ。路上にいる戦車は、自分に向けられた暴力として知覚されている。ここに態度に結び付く極めて重要な身体感覚の在処がある。また作家の目取真俊は、沖縄から神奈川に働きに出てきていた祖母の震災の時、殺されそうになった体験を思い出しながら、石原のいう治安維持が、自分に向けられた暴力であると記している。[13]

4　饒舌

三月十一日の直後、奇妙な言葉の感覚に襲わた。声を発する時なのだが、他方で今は話してはいけないとどこかでそう思っている自分がいる。支援や復興、あるいは原発をめぐる是非など、多くの言葉が飛び交ったのだが、注意深く言葉の在処を確かめないといけないという思いがどうしてもまとわりつくのだ。また一九七〇年代後半からの反原発闘争を知る者として、福島原子力発電所の崩壊をめぐる、東京電力、国家、マスコミ、研究者の、保身と欺瞞に満ちた発言には、自責の入り混じった激しい怒りを感じた。「わかっていたはずなのに」。しかし今回の原発事故がエネルギー政策の転換やライフスタイルの見直しという文脈で語られるとき、そうした議論も必要だと思いながら、「がんばろうニッポン」と同じ感触をもってしまった。

それは阪神淡路大震災のときの記憶でもある。言葉を失う圧倒的な廃墟を前にして、被害を饒舌に語るマスコミは、東京でオウム真理教にかかわる事件がおこると、一斉にそちらへと流れていった。また現代思想を扱うある雑誌は、東京で地震が起きた場合を想定した災害の特集を組み、多くの人文学者がこぞって近未来について論じた。だが、震災はすでにおき、まだ何も終わっておらず、未来は始まってはいなかった。愛読していたその雑誌だが、その後あまり読まなくなった。

語るべきは、性急な復興でもなければ、また次の災害に向けた防災でもない。あるいは近未来をきれいに分析してみせることでもなかった。復興にしろ「がんばろうニッポン」にしろ、あるいは未来を論じる営みでさえ、そこには何かをなかったことにして前に進みたいという欲望が、やはりある。善意に満ちた饒舌な未来志向は、否認の構図でもあるのだ。問われているのは、何を語るのかということだけではなく、いつどの場所で語るのかという問題なのである。

三月十一日以降を、「戦後」と表現する人たちがいる。こうした安易な命名自体、到底受け入れられるものではないが、いま言葉の在処を考えるとき、たしかに戦後という設定から見えてくることはあるかもしれない。最初に言及した鶴見だけではなく、戦後日本において、戦争体験をどのように語るのかということが、大きな思想的課題として存在した。丸山真男をはじめ、そこには広い意味での戦争体験の思想化とでもいうべき営みがあったといえる。こうした戦後日本の知識人の登場は、「新しいニッポン」、「がんばろうニッポン」あるいは「民主主義」という未来志向のスローガンの下で、帝国がアジア全域に刻印した痛みを、記憶する前になかったものにしながら、復興という戦後を歩みだそうという否認の構図にもかかわっているだろう。あえていえば民主主義や平和といった理念ではなく、「お守り言葉」を日常の深部から問う必要があったのだ。しかし結果的に、廃墟を前にして饒舌に語りだされた戦後なるものは、戦争体験を都合よく切り取り、また地下深く埋葬していった。

このような戦後の始まりを鶴見俊輔は、「一九四五年八月十五日、敗戦を終戦とよんですりぬけてとおろうとしたころから、戦争体験の上に手ばやく布をかぶせてそれを底辺化してしまった(14)」と記している。まだ終わっていないし、始まってもいないのだ。それは現在の問題である。そしてなによりもまず重要なのは、危機は進行中であり、かかる進行形を「がんばろうニッポン」への違和として見出す必要が、あるように思う。

5　被曝労働

最初にも述べたように、反原発闘争に少しでもかかわった者は、原発がいかに容認しがたいものであるかということを、すでに知っていた。それはまた、日常生活の近傍に原発を受け入れた人々も同じである。わかっていたのだ。わかっていたのに、そのことを地下深く埋葬しやり過ごしてきた責任。だからこそ強く思うのは、これまで通りの状態に復帰してはならないということだ。そして今、わかっていたはずのことが、そして深く埋葬し押し隠していたことが、圧倒的な現実として、顔を出し始めている。

進行中の事態を前にして、改めて思うことは、原発とは巨大な抑圧装置であるということだ。そしてこの装置は、抑圧自体を不可視化する。放射性物質を怖れず活動をする警察や消防、自衛隊、あるいは東京電力の正社員が、決死隊という言葉で英雄的に語られた。しかし、原発はその稼動から一貫して、被曝労働者を生み出し続けてきたのである。この被曝は事故ではない。原発労働者について記述した、もっとも読まれるべき書の一つである『原発ジプシー』を書いた堀江邦夫は、次のように述べている。「原発内の労働が、作業量ではなく、放射線を浴びることがノルマになっているという事実からすれば、労働者を「被ばく者」とすることは、むしろ前提条件でさえあるのだ[15]」。この労働は、不可避的に身体を、修復不可能な形で死に追いやる。労働力を売る賃労働というより、いわば命を削り続けることを暗黙の前提として要求される被曝労働の存在が、未来社会を担うとされた原発存立の、前提条件なのだ。

人間である以上、この労働は許されない。そうであるがゆえにこの労働の領域は、幾重もの下請けの深部に確保され、またその存在自体が不可視化される。原発労働の現場監督に従事し、本人も被曝し続けた平井憲夫は、「作業員全員が毎日被曝する。それをいかに本人や外部に知られないように処理するかが責任者の仕事です[16]」と述べている。そして多くの人が被曝し、死んでいる。くりかえすがそれは、思ってもみない災害でも、予想できない事故でもない。原発そのものの常態が、棄民とでもいうべき労働の領域を前提にしているのだ。原発が担う社会とは、生を差し出すことが求められる労働が生み出す秩序を意味している。その秩序には、間違いなく軍事的暴力が待機しているだろう。

そしてこれまでこの棄民領域を、なかったことにしてやり過ごしてきたのだ。それは、企業や国家の問題というだけではなく、この深部に隠された秘密が顔を出すのを監視し、かつ不可視化しながらやり過ごしてきた者たちすべての問題である。そして、被曝を怖れず決死の覚悟で突入する軍人的英雄伝は、それ自体この社会全体を覆う抑圧の構造を追認し補強しているのだ。問題は、エネルギー政策の転換ではない。津波の高さの予想値の再検討でもない。原発という抑圧装置を容認し、被曝労働をやり過ごしてきたこの社会自体が問題なのだ。怖いと感じながら、それを文句のいえない立場の人に押し付け、安全だといいはってきた社会のマジョリティたちが、問題なのだ。それは、東北という地域個別の問題では断じてなく、一部の権力者を指弾すればすむ話でもなく、また東京電力という一つの巨大資本だけの問題でもない。

劣化ウラン弾が敷き詰められたのと同じ放射線量の小学校の校庭を安全だといいはり、進行する被害を風評被害といいかえ、あたかも騒いでいる人間が問題であるかのように非難し、東京電力に抗議する者たちを、公安警察を使って逮捕していく事態が、次第に浮かび上がらすこの国の相貌は、蔓延する不安を復興に纏め上げ、それに従わない者たちを問答無用で鎮圧する、まさしく「防災の共同体」なのではないのか。すでに始まっていた「防災の共同体」は、「がんばろうニッポン」の唱和の中で、さらに飛躍を遂げようとしている。ここに軍事的暴力が浮かび上がるだろう。

だがしかし、大量に流れ出し続ける放射性物質により、深部に不可視化されていた棄民領域は、今、地表に顔を出し始めている。被曝の拡大は、それ自体危機であると同時に、その危機がすでに存在していたこと、そして危機はまだ終わっていないないし、危機後という時間はまだ始まっていないのだということを、示し続けている。不可視化されてきたこの領域は、復興の名においてやり過ごそうとするすべての動きを、全力で阻止しようとしている。蔓延する不安は、かかる棄民領域に対する最初の反応に他ならない。分岐はここにある。

そしてこの棄民領域は、資本と軍事的暴力が野合する「防災の共同体」において掲げられた安全という旗に対して、不断に危機をつきつけるだろう。そうであるがゆえに鎮圧されるが、同時に別の未来への始まりもそこにはあるだろう。

6　軍事的論理と臆病者の未来

原発事故が起きた直後から事故処理の作業のために派遣されていたある自衛官は、二〇一一年三月十四日の夜、駐屯地から逃走した。彼はやはり、怖かったのだ。そして自衛隊はすぐさま彼を懲戒免職に処し、ネット上には「敵前逃亡!」「軍法会議にかけろ!」という言葉が飛び交った。軍隊における軍律が、死への動員であり死刑宣告を含むことは、容易に想像がつく。原発事故をめぐって日本社会に浸透し始めているのは、命をなげうって果敢に行動することが英雄であり、逃亡することを「敵前逃亡」と見なす心性だ。原発は戦場になったのだろうか。

次第に被曝の実態が明らかになる中で、六十歳以上の技術者たちが「暴発阻止行動隊」を結成したという新聞報道があった(「朝日新聞」二〇一一年五月二十三日付夕刊)。それは、被曝の影響と自らの寿命を天秤にかけての判断である。被曝の影響が大きい若い人を守りたいというこの技術者たちの思いが問題なのではない。問題は、自らの生命を犠牲にして尽くすことが、善意に満ちた美しい物語として受容されていく社会全体の心性なのだ。空虚な「がんばろうニッポン」は、アジア太平洋戦争時の「お国の為に」と結び付きつつある。そしてその結合は、生き延びることを指弾する「敵前逃亡！」の近傍に、間違いなくあるだろう。

戦場に登場する死刑宣告を含み込む軍事的論理が、日常を支配し始めたのだ。拡散し続ける放射性物質を前にして、その場に留まることが被曝を意味する以上、逃げてはダメだという論理は死を賭けた軍事的論理として、膨大な人々を巻き込みつつある。だがしかし、蔓延する不安、埋めようのない悲しみを抱え込んだ人々が、それぞれの故郷から避難をしている。やはり怖いのだ。また自分の愛する人々の未来が奪われるのが、やはり怖いのだ。そしてこの避難する人々に対し、あの「逃げるな」という言葉が投げかけられている。

いま、復興と避難は明確に対立し始めている。あるいはこういってもよい。復興という時間の中で、避難者は自らの生を語る言葉を奪われている。いや正確にいえば、饒舌な復興の言葉が蔓延する中で、避難するという態度において、語らないのだ。そして必要なことは、不安を押し殺しながら、それを誰かに仮託して排撃し、自らは決死の覚悟を表明し、大丈夫だといいはることではなく、ともに脱出を構想することだ。そしてこの脱出において最も重要なのは、脱出した者たちと留まる者たちとが、臆病者として出会うことだ。分岐は、逃げるか留まるかの間にはない。留まる者も次の瞬間には逃げ出すかもしれず、脱出する者も場合によっては留まる決意をするかもしれない。しかし、不安という身体感覚は両者に通底しているのである。態度において考えるということは、この分断を横断することなのだ。

「逃げ出すのは外国人ばかり、東京は大丈夫」。原発事故が表面化する中で登場したこの発言では、脱出するのは外国人とされている。脱出と留まることは、軍事的論理において分断され、そこに排外主義的ナショナリズムが打ち立てられているのだ。それは、「三国人」を語る石原の論理でもあるだろう。私はこの言葉に全力で抗う。くりかえすが分岐というのは、逃げるか留まるかにあるのではなく、この軍事的論理に対してこそ引かなければならない。そして軍事的論理が日本という国家なるものとして動き出すのなら、臆病者たちはそこに留まり、留まりながら脱出する別の論理を作り上げなければならないと思う。

生にかかわる不安の拡大が、他方で死刑宣告を伴う軍事的論理に向かうのだとしたら、重要なのはこの論理から身を引き剝がし、臆病者同士の関係を作ることであり、その連累から別の世界を生み出すことだ。留まりながら脱出する者がすべきなのは、軍事的論理が絡みついた自らの住まう日常性を丁寧に批判していくことであり、生にかかわる不安や恐怖を、他者に仮託することなく、臆病者として受け入れながら、他者との関係として再構成し、別の日常空間を創出していくことである。それは、臆病を追放し死の覚悟を誓うのではなく、臆病ゆえに傷つくことを恐れ、そうであるがゆえに人を殺すことを恐れる者たちが社会を構成していく、そんな可能性にかけるような作業である。

またそれは、事故にかかわる政策的転換や補償問題のことではなく、常態として存在し続け、隠され続けた被曝労働者たちから、社会を描くことでもあるだろう。臆病者たちは、この労働者たちの身体に日常的に行使され続ける暴力を、傍らにいながらすでに他人ごとではない事態として感知するだろう。このとき、棄民とされた人々の領域とその傍らにおいて生まれる臆病者たちの不安は、言葉を獲得し、別の未来の始まりとなるに違いない。

7　そして今

軍事的暴力は、正しいか正しくないかというより、自らの日常の深部において感知されなければならない。態度にかかわる言葉を確保すべきは、この領域だ。それが二〇一一年三月十一日を、いま想起することでもある。そしてそこから浮かび上がる「防災の共同体」は、テロへの恐怖や、安心安全といった心性を伴いながら、今、蔓延している。

この「防災の共同体」は、自民党憲法改正案の緊急事態条項の問題ではない。また自衛隊を承認し、個別的自衛権を承認するところで語られる安保法制反対の声は、間違いなく石原の「防災の共同体」の近傍にある。そして票合わせの中で唱和される法制反対のコールに私は、「防災の共同体」に対する徐翠珍のような「ゾクッ」という身体感覚を読みとることはできないのだ。身体感覚が確保された言葉を読むことが、その身体が生み出す態度を読むことである以上、唱和されるコールを私は態度にかかわる言葉として引用できないのだ。

言葉を受け取ることは先に述べた鶴見のように、「自分がそのときに、その場所にいたらどうなったのだろうか」という問いとともに読むことである。なぜ自衛隊の戦車を見て、自分が狙われていると感じないのだろうか。なぜ公安が発するテロリストや過激派という言葉を、自分とは関係のない世界においておくことができるのだろうか。それは、「お守り言葉」にしがみついてきたこの日本という社会が醸成してきた態度の問題だ。「防災の共同体」はこうした態度の上にある。

そしてこうした日常世界に徴候的に表出する暴力を感知する臆病者たちとともに三月十一日以降の出来事を思い出すことは、軍事化された日常を態度において批判する可能性を見出す作業でもあるだろう。それはすぐさま一つのコールに纏め上げられはしない。だが個々の回路をたどりながら、態度において連累していくだろう。言葉が求められるのは、この連累だ。そこでの要点は、演壇や論壇で何を語るかというよりも、「語る」という動詞を取り戻すことなのかもしれない。そしてこうした作業を、それぞれの日常の中でつみかさねていくことこそが、軍事的暴力に抗することなのではないだろうか。三月十一日は、こうした作業の起点でもある。

注

（1）鶴見俊輔「戦時から考える」、桑原武夫編『創造的市民講座――わたしたちの学問 これからの日本を考えるために』所収、小学館、一九八七年。「私の地平線の上に」（『鶴見俊輔集』第八巻、筑摩書房、一九九一年）より引用。同二五三ページ

（2）この「態度」について、鶴見は竹内好について論じた文章でも述べている。鶴見俊輔「戦中思想再

考──竹内好を手がかりとして」「世界」一九八三年三月号、岩波書店（鶴見俊輔『思想の落し穴』〔岩波人文書セレクション〕所収、岩波書店、二〇一一年）

（3）鶴見俊輔「戦時から考える」前掲『鶴見俊輔集』第八巻、二五四ページ

（4）鶴見俊輔「言葉のお守り的使用法について」「思想の科学」一九四六年五月号、思想の科学社。鶴見俊輔『日常的思想の可能性』（筑摩書房、一九六七年）に所収。鶴見は「お守り言葉」を言葉の意味というより「自分を守る」ための言葉の使用法として考えている。戦時の「国体」や「皇道」がそうであるが、この言葉の領域を問わない限り、戦後の始まりは「これまでのお守り言葉の体系をのこしておいて政治をやっていこう」（同書五六ページ）とする事態になると、鶴見は考えた。また本書の第5章「戦後復興を考える──鶴見俊輔の戦後」（冨山一郎）も参照。

（5）前掲『思想の落とし穴』九〇ページ

（6）前掲「戦時から考える」二五四ページ

（7）前掲「戦中思想再考」一〇六ページ

（8）この態度に問いをたてることなく、「「平和」「反戦」ということを、六十年、七十年繰り返し言うことのできる人」を捜し求めることを鶴見は、「死んだ思想だけを賛美する」と述べている。同論文一〇八ページ。もちろんそれは転向論の問題でもある。

（9）これ以降、第5節までの文章は、「ハンギョレ新聞」発行『LE MONDE diplomatiqe』（韓国語版）二〇一一年六月号に掲載された「ナショナリズムと臆病者たちの未来」に加筆したものである。同文章は、二〇一一年三月十一日直後の日本の状況について、その約二カ月後に書いたものだ。

（10）発言は次のようなものである。「今日の東京をみますと、不法入国した多くの三国人、外国人が非常に凶悪な犯罪を繰り返している。もはや東京の犯罪の形は過去と違ってきた。こういう状況で、す

ごく大きな災害が起きた時には大きな大きな騒じょう事件すらですね想定される、そういう現状であります。こういうことに対処するためには我々警察の力をもっても限りがある。だからこそ、そういう時に皆さんに出動願って、災害の救急だけではなしに、やはり治安の維持も一つ皆さんの大きな目的として遂行していただきたいということを期待しております」。内海愛子／高橋哲哉／徐京植編『石原都知事「三国人」発言の何が問題なのか』影書房、二〇〇〇年、二〇一ページ

（11）井上森「「防災」の共同体を越えて」「インパクション」第百二十六号、インパクト出版会、二〇〇一年

（12）前掲『石原都知事「三国人」発言の何が問題なのか』一二三ページ

（13）同書九九―一〇一ページ。桃原一彦は、三月十一日の大震災後の沖縄にかかわる系譜の中に、この目取真の文章に言及している。知念ウシ／與儀秀武／後田多敦／桃原一彦『闘争する境界――復帰後世代の沖縄からの報告』未来社、二〇一二年、一八九ページ

（14）鶴見俊輔「サークルと学問」「思想」一九六三年一月号、岩波書店。前掲『日常的思想の可能性』所収、一三六ページ

（15）堀江邦夫「あとがき」『原発ジプシー――被曝下請け労働者の記録』現代書館、二〇一一年。同書は一九七九年にやはり現代書館から刊行されている。

（16）「くまもり通信」第六十七号、日本熊森協会、二〇一一年

第3部　旅する痛み

第8章　「国民基金」をめぐる議論を再び考える
——「支援者から当事者へ」という過程を中心に

鄭柚鎮

1　「被害者のために」「新しい歴史のために」

本章は、一九九三年八月に、慰安婦制度への日本軍の関与を認めて「慰安婦」被害者（以下、被害者と略記）に謝罪の意を表明した河野談話を受けけて、被害者に総理の手紙と償い金[1]を伝達することを目的とし、九五年に設立された「女性のためのアジア平和国民基金」[2]（以下、国民基金と略記）の是非をめぐって起きた論争の意味を考察することを課題とする。

これまでの国民基金をめぐる論争は、同基金の半官半民的な性格と償い事業の運び方に対する批判が中心だった。その一方で、償い金を受け取った被害者が韓国で市民募金と政府の生活安定支援金支給の対象外となったことや、慰安婦支援運動の民族主義的傾向と被害者を一方的に擁護する女性運動の「エリート主義」などが論じられてきた。

これらの議論が一九九〇年以降に本格化し始めた慰安婦問題に関する研究と運動の成果を反映している半面、これまで蓄積されてきた成果を矮小化する傾向があるのではないだろうかというある危惧を抱いたことが、本章の考察の出発点である。

なぜなら、国民基金の登場は、植民地支配に対する責任の問題、国家補償という救済の意味、被害体験と法的救済との関係、被害者の言葉を証拠とみなす言語秩序、戦時性暴力被害に関わる痛みの処し方など、慰安婦問題の主なテーマとみなされた問題群全体を震撼させる極めて重要な契機としてはたらいたと考えるからである。

とりわけ、議論の根拠として提示された被害者の言葉、あるいは、正しい聞き取りに基づいて正しく代弁するという論争で用いられた「正しい聞き取り」に関して、それは、論拠であるというより論点であることを示したい。そのうえで、以下の二点に注目する。

一つは、被害者に対する法的謝罪・補償こそが「根本的解決」であるという視点に基づいた国民基金反対運動と、存命の被害者に償い金と総理の手紙を手渡すことを通して慰安婦問題に関わる一つの手がかりを残しておこうとした国民基金という試みは、表面上は、互いに対立する様相を見せたのだが、両方とも「被害者のために」「新しい歴史のために」という共通の課題の実現を目指して展開されたという点である。

いま一つは、両陣営とも「被害者を代弁する」という主張を提示し、より良い聞き手になることを通して慰安婦問題の支援者の立場から当事者の役割を引き受けようとした点である。

語るということ、聞くということ、明確に還元されがたい、語る、聞くという動詞、またそれらの間で生じる感情、その不安定さが「被害者がこう語るからこうしなければならない」といった目的論的決断に向かう文脈、あるいは被害者の言葉が客観性の証しとして登場する文脈に当てはめられるとき、どのような規範がはたらいているのだろうか。

本章は、被害者の言葉を正しく聞き正しく代弁しようとする「欲望」[3]が、この論争の論者たちが慰安婦問題の支援者から当事者になっていく過程と密接な関わりをもつ点に着目し、被害者が何を語ったかを究明することよりも、論者が何を聞こうとするかという聞き取り方を中心に、被害者の言葉を解釈する過程で参照される聞き手の「自己論拠」を検討する。

言葉とは、語り手と聞き手の間を漂う空気でもあり生き物でもある。あるいは、「代弁する」という行為者の認識の一面を表すものでもある。問われているのは、関係の標識である言葉が根拠として用いられる場合に作動した認識の機制であり、言葉が根拠としてはたらきはじめるとはどのような事態を暗示するかということに関わる感性だといえるだろう。[4]

2　救うべき者

「恐れ」と責任

個人が国家と並んで国際法の主体たりうるかというような理論問題も議論されています。他方で犠牲者になられた方々はみな高齢でおられます。謝罪と償いの政策をとるための時間はもうあまりのこっていないのです。犠牲者たちがこの世にいなくなってから、正しい解決が出るということでは、恨をとくことは永久に不可能になってしまうと私たちは恐れました。[5]

国民基金の償い事業を開始した動機を「時間との勝負[6]」と、この事業の呼びかけ人たちは説明している。恨をとくことができなくなり仮に国家補償が実現されたとしても、被害者が「この世にいなくなってから」では意味がないという不安さにずっと駆られていたからである。

初期から国民基金に深く関与してきた和田春樹と大沼保昭は、いつ実現されるのか、そもそも実現されるかどうかでさえ不明な国家補償という解決策とは異なる形で被害者の声に応えようとした。

和田をはじめ、国民基金の推進に尽力した人々は、「日本を批判したまま」「なにも得られなかったといって亡くなられれば、その人の魂魄は救われない[7]」と力説し、被害当事者が亡くなると慰安婦問題を解決する方法自体がなくなるという前提を共有していた。

日韓双方の市民社会から批判を浴びながらも、繰り返し「だが、ハルモニの中には、アジア女性基金を受け入れるという人々がはっきりと存在した。しかし、そのことを公然とは言えない雰囲気が社会をおおっていた[8]」、「日韓関係の改善には役に立たなかった」が「被害者個々人の利益を守ること[9]」ができたと国民基金の成果を強調するのも、「被害者が生きているうちに」というタイムリミットにこだわっていたからである。

一九九八年の国民基金事業を評価する内部座談会で、大沼は、たとえ百年かかっても「民族の正義」を追求するという国民基金反対運動の主張は、問題の本質が「個人の幸せ」から「民族の正義」に変わってしまった一面を見せていると指摘し、被害者が生きているうちに絶対に何かを成し遂げなければならないと述べ、慰安婦問題に関しては責務があることを強調する。

国民基金を進めてきた者たちは「日韓関係の改善」という「大きな政治」より、「被害者の個人の利益」という「小さな政治」の意味は決して些細なことではなく、国民基金は次善策にすぎないものの、それが被害者が現存するいまという時間におこなえる最善の方法であるという点を再確認している。

「最善の方法」という自負は、被害者の「恨をとくことは永久に不可能になってしまう」という恐怖があってのものだった。「アジア女性基金を受け入れるという人々」の「存在」、あるいは彼女たちの言葉は、時を失することなく責任に向き合える機会を国民基金の呼びかけ人たちに与えてくれたといえる。

「ラストチャンス」に賭ける

被害者である金学順が初めて日本軍従軍慰安婦だったと名乗りをあげたことを「現実の問題、つまり過去の歴史、記憶の問題としてではなく、現に被害を受けた人がいて、その人たちにわれわれが対処しなければならない問題として」[10]受け止めた和田春樹は、二〇〇四年におこなった講演で、慰安婦問題を考えることで「現代の日本人がなにか得をするのか」という問いかけに次のように答える。

もっとも表に出にくい、ふれられたくない問題が明らかになり、それに対処することで過去を整理することに意味があったと僕は思います。遅きに失してはいますけど。得といえば、それでしょう。とられた措置ですっきりするとまではいかないけども、生き残っている人たちがなにか心のやすらぎを得られればと思います。本当の解決なんかはありえないのだけど、それでも未処理の問題に取り組むひとつの手がかりになる。当事者は不満だと思いますが、お金をもらえばすこしは気がまぎれるということもあるかもしれない。元「慰安婦」の人たちが亡くなってしまえば、関係がない人では解決のしようがないわけですよ。ラストチャンスが、ほとんど関係者がみな人生の終わりにきたときに回ってきた。なにもしないまま、許さないといったことばが歴史に永久に記録されてしまえばどうしようもない。最期にぎりぎりのことをやって、すこしでも受け取ってくれる人がいたことはありがたかった。(11)

慰安婦制度を「多数の女性の名誉と尊敬を深く傷つけた問題」だと表明した河野談話を「歴史的談話」と評し、それに基づいて作られた国民基金に意味を見いだす和田は、被害者が亡くなって解決しうる方法がなくなるかもしれないという危機を、国民基金を「ラストチャンス」として生かして乗り越えようとした。

国民基金の事業に不満を抱く被害者もいるだろうが、未処理の問題に「手がかり」を残すことが重要だとし、いかなる償いも解決にはならないだろうが、償い金を受け取ることが慰めになるかもしれないという藁をもつかむような期待感をもって「許さないといったことばが歴史に永久に記録されてしま」うような最悪の事態を避けようとしたのである。

「日本全体をくれるとしても、わたしたちが死んだ後であれば、なんの意味があるのか？」という言葉は、和田にとって、彼女たちが生きているうちに応えなければならない「現実の問題」であり、当面の責任の問題であった。

国家補償を求めて民間基金に協力しなければ、結果的に補償そのものを否定する人々に加担することになります。（金沢市・男性）

反対論もあり、何がベストなのかわからないが、いたずらに時が過ぎて問題を先送りにするべきではないと思う。私たち日本人は、戦後五十年間いったい何をしてきたのだろうか。（四十六歳）[12]

問題の解決は、国の責任で行なわれるべきで、個人レベルではどうにもならないことだと、当時私は考えていたのです。したがって一九九五年、国民参加のアジア女性基金が設置されることになり、私に理事として参加を求められた時には、躊躇しました。出来れば、固辞したいと思いました。それでも、参加を決めたのは、元慰安婦の方々に残された時間がないという、この一点でした。[13]

被害者が生きているうちにどうしても何かをなすべきという強迫感と焦燥感が感じられる。和田が「現実の問題」として責任を果たそうとしたのも、被害者の「残った時間」が限られていたからだった。和田たちは、個人的かつ相対的解決方法である国民基金を「ラストチャンス」と捉え、慰安婦問題における責任当事者としての役割を全面的に引き受けた。彼らは、いつ実現するかわからない、本当に「百年がかかる」かもしれない国家賠償を待つことよりも、被害者が生きる〈いま〉という時間に解決の可能性を賭けたのである。「民間基金に協力しなければ、結果的に補償そのものを否定する人々に加担することにな」ると、彼らは考えた。「戦後五十年間いったい何をしてきたのだろうか」といったいらだちは、被害者に「残された時間がない」という危機感によって呼び起こされていた。

被害者に申し訳ないという気持ちを伝えることだけは認めてほしい、「償い金と総理のお詫びの手紙を拒否する権利があるのは被害者であって、支援団体ではない」[14]という大沼保昭の主張は、慰安婦問題を「先送り」にせず、被害者との関係において「現実の問題」として突破しようとする意志を表している。

「弱い声」への「配慮」

戦争、植民地支配の被害者にも様々な人がいる。政府の補償でなければダメという人もいれば、病気に苦しみ一日も早くお金が欲しい人もいる。また、人間の考えは時に変るものである。

政府の金でなければ受け取らないという一部の元慰安婦の気持ちは今はその通りだろうが、これから老いが進んで医療費がかさむ事態になった時、はたしてどうなのだろう。補償要求運動では現時点の強い声が表に出がちだが、弱い声と将来への配慮もまた必要である。[15]

被害者はもともと多様であったし、「お金が欲しい」被害者はNGO、メディアによってつくられた世論によって抑圧されていたのである。アジア女性基金の活動は、「お金が欲しい」という彼女らの本心の一面——これはとても大切な一面である——を顕在化させたにすぎない。[16]

右の引用文は、国民基金の理事として活動した大沼が述べた同基金の設立意義と事業評価の一部である。

大沼たちは、被害者の「弱い声」への「配慮」に比重を置くことによって国民基金の相対的解決方法の重要性への理解を求めた。

二〇〇二年に大沼は、「名誉回復」が先だと償い金事業を非難する韓国世論に対して、償い金を受け取った被害者は「韓国社会で声を出すことができないさらに弱い被害者」だと指摘し、「お金が欲しい」という「本心の一面」を聞き取るべきだと主張する。「お金の問題ではないと主張する勇気のある」被害者よりも、「お金がほしい」といわざるをえない、階級的・性的・年齢的に最も抑圧的状態に置かれている被害者、より弱い立場にいる被害者の言葉を優先的に「配慮」することが、慰安婦問題に対する責任のある態度だと考えたのである。

私は、基金による償いが被害者の名誉と尊厳回復の唯一の道とは思いませんし、それが日本による謝罪と責任をはたす最善の道とも思いません。（略）基金による償いを受け入れて、何らかの精神的・物質的な慰めと癒しを感じてくれる人がひとりでもいるなら、そうした方に償いをお届けするのは、基金にとっても、また多くの日本国民にとっても大切なことだと考えています。[17]

最善の選択でもなければ、日韓関係の改善に寄与することでもないのだが、被害者に「何らかの精神的・物質的な慰めと癒し」を与えたことが「多くの日本国民にとっても大切なこと」だと考えたのである。なぜなら、和田が述べるように償い金が送られて被害者の「気がまぎれるということもあるかもしれない」というかすかな可能性と、未解決の歴史課題に対する手がかりをつかむことこそが、求められていると判断したからである。

国民基金を進めた人々は、存命の被害者個々人を問題解決の主体として想定し、被害者が「生きているうちに」という時間性を重視した。個別的・相対的対処方法ではあるが、慰安婦問題解決のための、すなわち新たな歴史のための第一歩だと捉えたのである。

国民基金に取り組んできた人々は、償い事業を新しい歴史への「手かがり」を残す作業とみなし最善を尽くした。そうしたプロセスは、彼らが慰安婦問題の支援者からこの問題の当事者へと巻き込まれていく、変化していく過程でもあった。

国民基金に反対する被害者の存在、その意味を承知しながらも、償い事業が進められ被害者の利益を守ることができたと総括しうるのは、自らを「慰安婦」問題解決の歴史の当事者として位置づけていたことに関わっている。「慰安婦」被害者を支援する立場から「慰安婦」問題の新たな歴史を作っていくための「手がかり」を提示する当事者へ向かっていくという変化は、この基金に反対する被害者よりも償い金を受け取る被害者を優先する、被害者の言葉を選び取って代弁する営みを可能にした。

3 保護すべき者

「新たな秩序」への夢

この節では「純潔」を女性的道徳性とみなす文化観念が行使する権力の効果と、ポストコロニアル状況でのフェミニズムと民族主義言説の緊張関係を念頭に置きながら、「根本的」解決を目指した国民基金反対論を検討する。

私たちは、生き残ったにもかかわらず、汚された身では故郷の地を踏むことはできないと、いまだ他国で住んでいる彼女たちを探し、余生を堂々と故郷で過ごせるようすべきである。そうした前提として女性の性に対する観念を徹底的に変える社会的な意識改革が先行されなければばならないだろう。そして自ら志願して行ったのではない、植民地民族の名誉を背負って強制動員された慰安婦のもつ歴史的意味を明らかにし、公的に歴史的に整理すべきではないか。もう全ての歴史叙述を書き直すべきであろう。[19]

右の引用文は、一九九〇年一月に「ハンギョレ新聞」に連載され大反響を起こした記事「挺身隊〝怨念の足跡〟取材記」の結びの部分である。執筆した尹貞玉は、女性の性に対する「意識改革」の必要と「強制動員された慰安婦のもつ歴史的意味」の公式化という二つの課題を提示した。また、これは九一年五月に韓国挺身隊問題対策協議会[20]（以下、挺対協と略記）が日本政府に送った「私たちの要求」に取り入れられた。

軍「慰安婦」制度を「日本政府の朝鮮侵略の政策の延長線上」での問題として捉え、「被害者は個人であると同時に、苦難時代の民族の象徴であり、暗黒時代の歴史の主人公である」[21]とする尹は、性に対する意識改革と戦時性暴力の問題を被害女性の立場から書き直すことを通して歴史の進歩を模索する。

被害者を「歴史の主人公」[22]とする見方は、日本軍によって「純潔」を失ったことで彼女たちが受けた苦難の体験を国家補償という「公的」な手続きを通して読み直そうとした。「終戦になり、歴史から消え、私たちが忘れたために二度死んだ」「慰安婦たちを当然立つべき場に立たせなければ」[23]といった新たな歴史を夢見る女性運動の意志を表現する。被害者が「民族の象徴」にとどまらず、「歴史の主人公」として生まれ変わることを通して、踏みにじられた名誉と女性としての道徳的尊厳の回復を図ろうとするのである。

家父長制社会はおよそすべてそうでしょうが、日本も二重の性基準をもっていました。（略）朝鮮の女性たちと現地の女性たちは、支配国と被支配国、男性と女性、富裕層と貧困層、支配国の日本女性と被支配のアジアの女性、という関係で四重の抑圧を受けました。性奴隷の問題は男権による女性差別でありまして、根本的には民族も問題にはなりません。（略）人類を含めて地球の危機に直面している今日、男性の性奴隷にまで落とされた経験のある女性は新しい秩序を創造していく責任があると思います。[24]

一九九五年におこなわれた日本の教職員組合主催の講演会で、女性に対する差別の問題として「慰安婦」制度を論じた尹は、これまで蔑視されてきた女性たちの名誉を回復することを通して「新しい秩序を創造していく責任」を担うことが女性運動の第一の課題だと強調する。「根本的には民族も問題にはなりません」という主張は、「新たな秩序」の主人公は「女」だという自負であり、それからこれまでとは異なる未来に向けてのビジョンを示している。

女性たちは日本軍が人間だと思ってもみなかった日本軍「慰安婦」の名誉と尊厳を取り戻そうとしている。それは被害者個々人の名誉と尊厳の回復だけでなく、彼女たちによって象徴される女性に対する人権の回復のためでもある。破壊に象徴される歴史の流れを変えるためであり、生の質を変えるためでもある。（略）日本政府はいわゆる「従軍慰安婦」を縮小、歪曲、欺瞞している。この問題を少数の生存している被害者個人の問題としてのみ処理しようとしている。謝罪をせずに、「国民基金」を通じて幕引きを行なおうとするものだ。[25]

ここから読み取れるように、国民基金反対運動は、「日本軍が人間だと思ってもみなかった日本軍「慰安婦」の名誉と尊厳を取り戻そうとしている」「女性たち」の「生」に関わる全面的闘いを意味していた。

「新たな秩序」という解放された関係を夢見た運動は、暗黒時代の苦難に耐えてきた被害者の痛みの尊重と「還郷女[26]」と呼ばれ差別を受けてきた彼女たちを「歴史の主人公」として表舞台に立たせるための、「根本的」解決への責任を最優先にすべき課題だとした。国民基金反対運動は、そのための土台づくりの一環として展開されたのである。

法的・全体的解決ではなく「少数の生存している被害者個人の問題としてのみ処理しようとしている」国民基金の試みは、被害者の名誉回復の道を永遠に閉ざしてしまうと判断したのである。国民基金を受け取った、あるいは受け取ろうとした被害者が、あたかも存在しないかのように、当時は「誰のための民間基金？」というスローガンが打ち出されたが、これは、償い金を受け取ったら名誉回復の道が閉ざされてしまい、女性の「生の質」を変えるチャンスが奪われてしまうことを、挺対協をはじめとする日韓の女性運動が危惧していたことを表している。

私たちが日本軍性奴隷制問題を扱うようになったのは、それまでの価値体系への大きな挑戦であった。いまでも加害国・被害国ともに被害者を「恥知らずな」女性だと見る目がある事実は、いかにわれわれが根深い女性蔑視、「純潔」や「貞操」を重視する見方をいまだにもっているかということを示すものである。私たちは被害者の人権を回復・保護するために日本政府に要請を始めたが、その目的は被害者たちの人権回復と、こういった歴史や価値観を正しく捉え直すことにあった。[27]

二〇〇〇年の女性国際戦犯法廷の開催を提案する文章のなかで尹が明らかにしているように、慰安婦問題解決運動は「それまでの価値体系への」「挑戦」を通して歴史と価値観を再解釈することだった。[28]「(償い金を受け取ったら)すべてが終わってしまう[29]」と尹が判断したのは、「根本的には民族も問題に」ならないような、「生の質を変える」世界に向けてどのような土台を作るべきか、という課題意識と関係していた。「被害者が生きているうちに」解決しなければならないといい、慰安婦問題に対する責任を主張する国民基金は、尹が考える被害者の公的な尊厳回復を前提とした「新たな秩序」作りを妨げるじゃまな存在だったのだ。

「歴史の主人公」と女性運動の責任

戦後五〇年になって「国民基金」を設立するということです。日本政府が戦争犯罪を認め、謝罪し、個人賠償をしなければハルモニたちは自ら志願して「売春婦」になったことになりまして、またもや名誉を損なわれることになります。[30]

いったい、思春期に「慰安婦」とされた一生を台なしにされた女性たちのことをどう思うのか。いまも被害者たちは「私の青春を返せ」「このまま死ぬことはできない」と叫んでいる。あなたたちの妹や娘が「慰安婦」だったとしたら、どうしたいか。日本は独断で「国民基金」を三〇〇人に支給することを決めたが、二年たったいま、何人が受け取ったか。[31]

国民基金反対運動の過程で尹が発した「売春婦」という言葉に対して多くの批判が寄せられたが、それは「あなたたちの妹や娘が「慰安婦」だったとしたら、どうしたいか」という問いとともに議論するべきである。

韓国社会で「還郷女」という漢字語は、「浮気する女」、あるいは「売春女性」を意味する「ファニャンニョン」という朝鮮語の語源になったとされる。長い間「還郷女」とみなされ論議自体がタブーにされてきた「慰安婦」問題が社会的テーマとして取り上げられるようになったのは、挺対協が結成された一九九〇年以降のことである。

日本の公式謝罪と補償がなければ被害者は自ら志願した「売春女性」扱いを受けることになるという発言は、国民基金の償い金が「慰労金の誘惑」や「汚いお金」として意味作用することに対する憂慮と、被害者が「還郷女」という目にあう前に保護しなければならないという女性運動の強い意志をあらわにしたものだった。

尹は、あなたたちの妹や娘だったらどうするかという問いかけを通して、償い金を「罪を認めない同情金」とみなす韓国社会がそれを受け取った者を民族の「純潔」を失った者として再び排除する事態を避けようとした。

山下英愛は「積極的な差別意識を持っていたら、そもそもこの運動に身を投じなかったはずである」と言い切り、被害者が「性を売る女性を差別する韓国社会の視線」に晒されてしまうことを懸念しそのような事態を避けようとする運動の努力を強調する。

これは差別に違いないというような批判によって消えてしまう過程を取り上げ、献身的に「慰安婦」問題に取り組んできた尹をはじめとする女性研究者・活動家の存在と運動の歴史性を、そして「公娼」発言は「運動に身を投じた」からこそ生じたという文化的・社会的文脈を明らかにする。[32]

国民基金に反対した日韓女性運動にとって被害者を「妹」や「娘」のように見守り、「売春女性」扱いを受けないようにすることは極めて重要な課題であった。「苦難時代の民族の象徴」を、「歴史の主人公」を「民族」と「運動」の真の主人公として定位させるために彼女たちを守ろうとしたのである。


重要なことは、国民基金が正しい解決方式ではないとしてこれを拒否した被害者たちを、運動として支持と支援をしなければならない責任があったことである。むしろ彼女たちが相対的な損害・被害を受けないようにする責任は、挺対協にあったのだ。[33]

周知のとおり、同基金は日本政府が法的責任を回避しようとする意図を反映したものであったゆえに、挺対協をはじめとする市民団体たちと被害者たちはこの基金を拒否することを決定した。(略)被害者の名誉と自尊心を回復させ歴史を立て直すという意志の表現であった。[34]

「被害当事者が拒否する「民間基金」に反対します!」(一九九五年)、「つぶせ!「国民基金」「〈再びの凌辱〉を許すな!許すな!「国民基金」」(一九九七年)、「挺身隊ハルモニ、われわれが守りましょう!」(一九九七年)、「ハルモニを守る 二次募金」(一九九八年)といった国民基金を受け入れようとする被害者がいないかのように述べられた運動のスローガンは、償い金が「魂を汚くさせるお金[35]」とされることの深刻性と最後まで被害者を守り抜こうとする女性運動の強烈な意志の一面をあらわにしている。

国民基金反対議論は、被害者が償い金を受け取った理由を生活苦だけに還元し、被害者を「(償い金)受け取らせ工作[36]」のために、「強いられた選択[37]」のために苦しむ者とみなした。このような文脈には経済的問題の以外に国家補償金ではないお金を受け取るゆえんがない、あるいはそうしたお金を受け取ってはならないという了解、つまり償い金が「魂を汚くさせるお金」と意味作用する文化観念が存在する。

またそれは、慰安婦問題が「お金の問題に歪曲」されることに抵抗する被害者に対する尊敬として、彼女たちの声を代弁しなければならないという責任として表現される。

日韓の女性運動が償い金を受け取る被害者の思いを十分量りながらも、右のようなスローガンを主張したり償い金の意味を生活苦だけに回収したりしたのは、女性運動自身が「慰安婦」被害者を支援する立場から「慰安婦」問題の新歴史を作り上げていく当事者へと自らを位置づける点に関わる。

償い金を受け取った被害者よりも「国民基金が正しい解決方式ではないとしてこれを拒否した被害者」を優先し支持することが運動の「責任」とみなし、自らを「慰安婦」被害当事者とは異なる当事者、「慰安婦」問題運動の当事者としての意味づけがはたらいたといえるだろう。それは、韓国運動の民族主義傾向や女性運動のエリート主義とは無縁である。

そこには、民族も問題にならない世界を目指す女性運動ならではのビジョンがあった。「根本的解決」を目指して未来に企投した者にとって、国民基金反対運動はすべての歴史叙述を書き直し「生の質」を変えうる契機であった。「還郷女」が「主人公」として生まれ変わり、「根本的には民族も問題に」ならない新秩序を創造することこそ女性運動がしなければならない、女性運動のみが成し遂げることだったのである。

4 聞くということ

国民基金をめぐるこれまでの主な議論は、①半官半民的性格と償い事業の進行方式に対する批判に力点を置く同基金反対論と、②存命の被害者に償いの気持ちを伝えることの有意義性に重点を置く同基金賛成論であった。①は②に対して女性人権意識の欠落を、②は①に対して韓国女性運動の民族主義的傾向が指摘されてきた。またそれらは「慰安婦」問題に対する「法的・全体的解決」対「道義的・個人的解決」というふうに、解決の仕方や責任のあり方に関する葛藤としてみなされてきた。

本章では、国民基金をめぐるいずれの立場も、被害者のために、より良い未来のためにといった目的とその目的を実現していく過程に被害者の言葉を代弁するという方法論が用いられている点に着目し、双方の目的意識性が「被害者はこう語る、だからこうする」といった聞き取り方につながっている点と、論者たちが自らを「慰安婦」問題の支援者から当事者へと移動していく点の意味を分析した。

言い換えれば、被害者のために、新たな歴史のためにという目的意識と論者たちが支援者から当事者へ向かう過程での変化を吟味する作業を通して、国民基金をめぐって賛成か反対かといった立場を中心に展開されてきた議論の意味を再構成しようとしたのである。

なぜなら、法的責任対道義的責任といった解決をめぐる対立とみなされた議論は、「慰安婦」被害者対「慰安婦」問題の支援者、または支援者対支援者という軸で組み立てられた論じ方だからである。だが、双方の運動のなか、「慰安婦」制度の被害当事者とは異なる「慰安婦」問題運動の当事者が生み出され既存の軸自体が震撼することになる。

根本的には民族も問題にはならない新秩序作りへの献身や未解決の問題に取り組む「手がかり」

にすべてをかける想いは、論者自らの「慰安婦」問題の当事者性を力説する。

それらは、正しさをめぐる判定や評価でなく、聞き取りという分析手法にまつわる知の問題を問うている。[38]

国民基金をめぐる議論で、まるで論者と異なる意見をもつ被害者がいないかのように提示された「被害者はこう語る。だからこうする」という言い方が、代弁という方法が正しさとして意味作用する文脈は、支援者から当事者へという変化のプロセスに深く関わっている。それは、「慰安婦」問題が問題として構成されていく過程にどのような知がはたらくか、あるいはどのような知が生産されるかといった関係生成の問題でもある。

国民基金をめぐる議論のなか、被害者の言葉は多く取り上げられたが、彼女たち自身は議論の主体にならず、彼女たちの言葉は論議の根拠として、客観性を担保する証しとして、正しさのよりどころとして、未回復の症候として意味作用した。論者たちの被害者のためにという目的意識とそれに伴う努力は、被害者が議論の外の置かれる過程と連動していたのである。彼女たちは、言葉で、目の表情で、身ぶりで、沈黙で意志を伝えたのだが、それを言語として組織化しうる認識体系はいまだ用意されていなかったのである。

国民基金をめぐる論議は、他者を知るという学的作業の意味、あるいは慰安婦問題における解決と責任に関するポストコロニアル認識の一面をあらわにしたといえるだろう。

また、脱植民地化とは、既存の秩序によって作られた事柄を再確認する作業ではなく、これまでとは異なる世界への熱望と志向によって見いだされる新たな場である点を示唆する。知識をめぐる規範や秩序自体を問題化しなければならないのである。

被害者の言葉は重要だが、それは、言葉の中身に関する意味というよりも、聞き取り方という分析方法自体、どう聞くかといった身体性の問題、語り手とどういう関係を築くかといった構え方、つまり世界に対する構成方法においてである(39)。

「傷は言語化できるのか。現在の証言を構成する言語的な秩序によって傷は記述できるのか。また発せられたその証言は傷の癒しにつながるのか、それとも政治的正義の獲得につながるのか(40)」。「被害者はこう語る。だからこうすべきだ」という主張が飛び交っていたとき、彼女たちは何を見たのだろうか。彼女たちが凝視したあのときの場面をどのように想像することができるだろうか。聞くという事後的な行為はどのような可能性をもちうるか。依然として、問いは続く。

注

(1) 国民基金がいう償い金は、ハングルでは多くの場合、위로금慰労金、동정금同情金と訳された。また、日本語では見舞金、同情金、民間のお金と表記される場合がある。本章では、国民基金が名付けたとおり償い金とする。それは、国民基金に対する賛否といった立場とは無縁である。被害者にとって償い金と名付けられたお金と総理の「お詫びの手紙」を受け取るとはどういうことなのか、という論点を看過したくないからである。「同情金」や「見舞金」という言い方は、国民基金をめぐる議論そのものを矮小化するきらいがあると考え、ここでは用いない。

(2) 「女性のためのアジア平和国民基金」は、「慰安婦」被害者への「「償い事業」を国民と政府との二人三脚によって実施」することを目的とし、一九九五年七月に財団法人として設立され、二〇〇七年三月に解散した。現在「デジタル記念館　慰安婦問題とアジア女性基金」（www.awf.or.jp）で、国民基金の活動や関係資料を公開している。女性のためのアジア平和国民基金『「女性の人権」とアジア女性基金』女性のためのアジア平和国民基金、二〇〇七年

（3）「私たちがネイティヴや、抑圧されたものたち、野蛮人などといった存在にあこがれるのは、我々自身の「偽りの」経験の外にあるどこかに、変化することのない確かなものがあると信じたいからなのだ。「騙されない」ものになりたいという欲望、それはまた物事を支配したいという決して無垢とは言えない欲望でもある」。本章は、チョウがいう「欲望」の行方を一つの参考軸とした。周蕾『ディアスポラの知識人』本橋哲也訳、青土社、一九九八年、九三ページ

（4）冨山一郎『暴力の予感――伊波普猷における危機の問題』（岩波書店、二〇〇二年）の序章を参照されたい。とりわけ五―一四ページ。本章での「感性」に関する問題意識は、「暴力に抗する可能性を観察された過去の植民地という他者に割り振るのではなく、計算された抑圧の度合いにおいて表現するのでもなく、現在自分が生きている」「日常」を基点とするという指摘から示唆を受けた。他者の言葉が「真のよりどころ」として意味作用することに関する知覚や感知をめぐる議論こそが求められているように思う。

（5）大鷹淑子／下村満子／野中邦子／和田春樹「〈往信〉なぜ「国民基金」を呼びかけるか」「世界」一九九五年十一月号、岩波書店、一二八ページ

（6）大沼保昭『「慰安婦」問題とは何だったのか――メディア・NGO・政府の功罪』（中公新書）、中央公論新社、二〇〇七年、一〇二ページ

（7）和田春樹／西野瑠美子（司会・鵜飼哲）「対談 検証・「従軍慰安婦」問題」「特集 齟齬のかたち――

検証「従軍慰安婦」問題」「インパクション」第百七号、インパクト出版会、一九九八年、一六ページ

(8) 和田春樹「アジア女性基金問題と知識人の責任」、小森陽一／崔元植／朴裕河／金哲編著『東アジア歴史認識論争のメタヒストリー──「韓日、連帯21」の試み』青弓社、二〇〇八年、一四二ページ。初出は、和田春樹「アジア女性基金問題と知識人の責任」〈日韓、連帯21〉第二回シンポジウム資料集「韓・日相互理解を難しくする要因──その政治的無意識の構造」二〇〇五年（ソウル）。

(9) 大沼保昭〈座談会〉「アジア女性基金の償い事業」、女性のためのアジア平和国民基金編『アジア女性基金──オーラルヒストリー』所収、女性のためのアジア平和国民基金、二〇〇七年、一四八ページ

(10) 和田春樹「歴史家は「慰安婦」にどう向き合うのか」、大沼保昭／岸俊光編『慰安婦問題という問い──東大ゼミで「人間と歴史と社会」を考える』勁草書房、二〇〇七年、一九ページ

(11) 同書四二ページ

(12) これらは「最善かは分からないが」という小タイトルで国民基金宛に送られた文章の一部、書かれた時期や送られた文章の形式などは不明である。大沼保昭／下村満子／和田春樹編『「慰安婦」問題とアジア女性基金』東信堂、一九九八年、八一ページ

(13) 金平輝子「基金にかかわった者の思い」、同書所収、一一八ページ

(14) 大沼保昭「「慰安婦」問題とアジア女性基金にかかわってきて」、同書所収、二三三ページ

(15) 大沼保昭「〈論点〉元慰安婦への償い四つの柱」「読売新聞」一九九五年六月二十八日付

(16) 前掲『「慰安婦」問題とは何だったのか』九〇ページ

(17) 大沼保昭「あとがき」、前掲『「慰安婦」問題とアジア女性基金』所収、二五二ページ

（18）前掲「対談 検証・「従軍慰安婦」問題」

（19）尹貞玉「挺身隊、取材記」「ハンギョレ新聞」一九九〇年一月二十四日付。尹貞玉『平和を希求して――「慰安婦」被害者の尊厳回復へのあゆみ』（鈴木裕子編・解説、二〇〇三年、白澤社）所収の山下英愛の訳を引用。

（20）「韓国挺身隊問題対策協議会」は、韓国の主要な女性運動団体の連合体として一九九〇年十一月に発足した。発足以来、日本軍「慰安婦」問題に関する資料収集をはじめ、日本政府に謝罪と補償を求める被害者の裁判闘争支援、「慰安婦」問題への理解を広げるためのアジア連帯会議などの国際会議の主導、国際連合人権委員会などでのロビー活動、「慰安婦」被害者をケアする福祉活動、「証言集」および各種資料集の発刊、法的解決を求める水曜デモなど、「慰安婦」問題の解決のための活動をおこなう中心的存在である（www.womenandwar.net）［二〇一八年三月十六日アクセス］。

（21）尹貞玉、相模女子大学公開連続講座自主講義「いま、あらためて平和を願う」（一九九六年）、前掲『平和を希求して』一七〇―一七三ページ

（22）一九九二年に「沖縄タイムス」に紹介された尹貞玉の言葉（問いの内容は不明）。謝花直美「尹貞玉さん・韓国（10）・慰安婦は歴史の主人公」（「沖縄タイムス」一九九二年三月四日付社会面）の連載企画〈語らな　うちな「戦さ」四十七年目の風景　50〉。

（23）同記事

（24）前掲『平和を希求して』一四二―一四六ページ

（25）尹貞玉「この闘いの価値と課題」一九九七年七月二十七日「〈再びの凌辱〉を許すな！　許すな！「国民基金」・緊急国際集会」講演（東京）、前掲『平和を希求して』一七七ページ

（26）Chungmoo Choi,*'Nationalism and Construction of Gender in Korea'*, *Dangerous Women*, Routledge,

1998, p.13.

(27) 尹貞玉「被害者重視の立場で——「女性国際戦犯法廷」への提案」一九九八年十二月十二日（東京）、前掲『平和を希求して』二〇六ページ
(28)「人物、尹貞玉（聞き手：金・スジン）」、韓国女性研究所編「女性と社会」第十三号、二〇〇一年
(29) 前掲「特集 齟齬のかたち」一七ページ
(30) 尹貞玉「挺身隊／「慰安婦」問題はいまどこまで」一九九五年、久留米市（福岡県）、前掲『平和を希求して』一四二―一四六ページ
(31) 尹貞玉「元慰安婦を再び凌辱する謝罪なき日本の態度」「論座」一九九七年十二月号、朝日新聞社
(32) 山下英愛『ナショナリズムの狭間から——「慰安婦」問題へのもう一つの視座』明石書店、二〇〇八年、二四七ページ、鄭柚鎮「「慰安婦」問題へのもう一つの視座を探って——山下英愛『ナショナリズムの狭間から』をめぐる省察」「インパクション」第百六十七号、インパクト出版会、二〇〇九年
(33) 尹美香「韓国挺対協は何をめざし、どのように闘ってきたのか」「インパクション」第百六十八号、インパクト出版会、二〇〇九年、一四二ページ
(34) 鄭鎮星「女性人権運動としての挺対協運動」『資料集二〇〇七　女性・人権・平和』韓国挺身隊問題対策協議会編、二〇〇七年
(35)「社説」「東亜一報」一九九七年八月二十四日付
(36) 鈴木裕子『天皇制・「慰安婦」・フェミニズム』インパクト出版会、二〇〇二年、二七七ページ
(37) 山崎ひろみ「民間募金は「従軍慰安婦」を二度殺す」、「特集〈もうひとつの声〉」「週刊金曜日」一九九五年六月三十日号、金曜日、一一ページ

(38) 李静和『つぶやきの政治思想――求められるまなざし・かなしみへの、そして秘められたものへの』青土社、一九九八年

(39) 杉原達は、「記憶の掘り起こしや分析が当事者の生を押しつぶす結果になりうること、そのディレンマを突破するためには従来の分析手法との根底的な対峙が不可避」であると指摘し、「口述歴史の精緻化だけでは根本的にとらえられぬもうひとつ先の領野」を「自らの位置を問う作業」を続けることを通して、従来の方法論にある突破口を開こうとする。杉原がいう「自らの位置を問う作業」とは、言葉をどう聞くかという問いに対する緊張感を想起することでもあるだろう。聞くとは、聞き手という主体の位置を決めることに関わる行為だからである。杉原達「思想としての「現場探訪」」「思想」一九九七年七月号、岩波書店、三ページ

(40) 冨山一郎『増補 戦場の記憶』日本経済評論社、二〇〇六年、二四六ページ

第9章　抵抗運動と当事者性
――基地引き取り運動をめぐって

大畑 凜

はじめに

ある社会的・政治的な暴力への抵抗運動で、人はどのようにしてその問題の当事者になるのか。とりわけ、暴力による被害の当事者がはっきり存在するような場合、被害の当事者でない（とされる）者にとって連帯とは何なのか。

沖縄での抵抗運動、とりわけ反基地運動では、歴史的な関係性や現在進行形のさまざまな矛盾のなかで、日本（本土）と沖縄との連帯とは何かが絶えず議論され問われてきたが、近年では、日本（人）／沖縄（人）の二分法を前提に二項対立的図式を強調する議論も強まってきている。一方、こうした意見とは相反する形で、運動の現場での知見や歴史的な経験をもとにして、現場では二項対立的図式からはみ出し飛び越えていく関係性が絶えず生成され続けて、い、る、と、もされてきた。

これらの相対立する認識・見解は、いわゆる「沖縄問題」として名指される問題圏域とは、しかし本当に沖縄の問題であるのか、そもそも日本が沖縄に押し付けてきた「日本問題」ではないのか、といった問いの磁場で交わされてきたものでもある。このなかで、「沖縄問題」を私たちの問題として考える、というような姿勢/思想は、反基地運動の歴史と現在をふまえるなかで繰り返し言及され、唱えられてきた[1]。

ここで考えてみたいのは、次のような課題である。それは、日本(本土)から沖縄の反基地運動に関わりをもつ人々が、運動に具体的に参加する過程でしばしば深めていく、自らが沖縄への加害や抑圧に知らず知らずのうちに加担してきたのではないか、というそれ自体はおのずと湧き上がるであろう認識のその両義性であり、つまりは一種のアポリアである。

(被害の)当事者の声を傾聴することは、自らの過去と現在を問い直し、自己の主体性を新しいものにする重要な契機であり、抵抗運動でこれを欠くことを想像するのは難しい。だが、こうした過程で、自己が構造的に関わってきた加害や抑圧への認識だけが焦点化されることは、他方で、他者とは別様に自己もまたその構造のなかで痛みや傷を負ってきたという知覚をかき消す危うさと隣り合わせでもある。そこで忘却され不可視化されかねないのは、痛みや傷が共振するものであり、そこに他者からの呼びかけが潜んでいるという事実である[2]。

本章では、沖縄での在日米軍基地問題をめぐり、沖縄への基地の過剰集中の現状を変えるためには、沖縄での県外移設論に呼応し、在沖米軍基地の県外＝日本（本土）への引き取りをおこなうべきだとする「基地引き取り運動」から、抵抗運動での当事者性と連帯の葛藤を、痛みという観点から考察していきたい。

1　基地引き取りという主張と運動の背景

県外移設論

本節ではまず、基地引き取り運動が生まれる背景について述べる。ここでは最初に、一九九〇年代後半以降に現れることになった県外移設論という沖縄からの主張を見なければならない。

沖縄の在日米軍基地問題をめぐっては、日本全土の約〇・六パーセントの面積を占めるにすぎない沖縄に在日米軍基地の約七四パーセントが集中するという過剰な基地負担がある。この現実を前にして、日米安保が改定ないし破棄される見通しがない以上、沖縄のアメリカ軍基地を県外＝日本（本土）に移設し、県外＝日本（本土）はこれを引き取るべきだとする意見が県外移設論の主張である。

これらは、一九九五年の沖縄アメリカ兵レイプ事件を一つの大きな契機とする沖縄の反基地運動の「第三の波」[3]のなかで打ち出された一つの主張ではある。これらが沖縄社会内部の意見としてだけでなく、その主張に対する賛否はともかくとして、日本（本土）でも一定のポピュラリティーをもつようになったのは、九〇年代後半から登場する社会学者の野村浩也やライターの知念ウシなどの言説の影響が大きい。野村や知念は、明治期の琉球処分以降の植民地主義の継続という観点から日本政府の姿勢だけでなく、日本（本土）の抵抗運動のあり方をも批判してきた。アメリカ軍基地問題をまずもって日本と沖縄との間の差別や植民地主義の文脈で思考しようとする県外移設論は、二〇〇五年に野村の著書『無意識の植民地主義』[4]が発刊されたことを契機に交わされた沖縄での論争などを経て、そのときどきでの浮き沈みを経ながらも、現在に至るまで沖縄社会で一定継続してきた主張の一つである。

こうした主張は沖縄への日本の植民地主義を問題化するという側面では重要だったとする意見もあるが、一方で、これが日米安保体制を現状で容認してしまうことや、沖縄と日本との関係性が二項対立的にクローズアップされ人種的（民族的）対立が強調されるなかで、アメリカの軍事覇権だけでなく日本の国家制度への批判がなされなくなる危険性をはらんでいることが指摘されてきた。[5]

基地引き取り運動

基地引き取りという主張は、こうした県外移設論という「沖縄の声」[6]に県外＝日本（本土）も応答しなければならないとしてあがってきたものだ。こうした声は少なくとも大阪での反基地運動のなかでは以前から渦巻いていたものだったが、[7]これまで現実になにかしらの運動として現れたり組織されることはなかった。だが、二〇一五年に入って大阪で市民運動団体「沖縄差別を解消するために沖縄の米軍基地を大阪に引き取る行動（略称＝引き取る行動・大阪）」が発足し、同年七月には大阪市大正区で基地引き取りをテーマにした集会が催された。引き取る行動・大阪は今後基地の移設場所の議論や、自治体など行政への要請をおこなっていくとしている。(8)

この運動の意義について、引き取る行動・大阪のメンバーの一人である松本亜季は、沖縄の地元紙に寄せた文章で、当初は基地を引き取ってほしいという沖縄からの意見は受け入れられなかったとつづっている。しかし、これまで自身が大阪で関わってきた十年あまりに及ぶ辺野古新基地建設反対運動の経験を振り返りながら、松本は運動が掲げてきた「基地はどこにもいらない」というスローガンが、結果として沖縄への基地の固定化を招いてきたとする。そのうえで松本は基地引き取りという新たな運動が、沖縄に対する日本への差別と植民地主義をやめることにつながり、多くの人々が自らの問題として主体的に基地問題に関わるきっかけになるとする。また、松本は、自らの運動に対する批判として「基地を認めることになる」「米軍基地によって引き起こされる問題にどう責任をとるのか」「権力に利用される」といった例を反駁しながら、基地引き取り運動のメンバーは日米安保を即刻廃棄すべきとの立場にはあるとしながら、この問題でまず何より問われるべきは「日本人」としての「ポジショナリティー」だとしている。(9)

この松本の主張には看過しがたい問題点がすぐさま複数見受けられるだろう。とりわけ、「基地はどこにもいらない」というスローガンによって沖縄に基地が固定化されたとするのは、それが同時に、沖縄とそこに集う人々の力によって辺野古沖での新基地建設が現在まで約二十年にわたって阻止されてきた事実の重みを隠蔽してしまう。

ただ、これらの検討はいったんおくとして、ここでは迂回路をとり、基地引き取り運動が提唱されるようになった背景について、それが日本（人）の抵抗運動への深い絶望感によるものであろうことを確認していきたい。そののちに、あらためて抵抗運動の当事者性と連帯とは何かを、痛みと被傷性という観点から考えていきたい。

2　連帯をめぐる痛み

抵抗運動の国民的回収

沖縄の反基地運動については、その抵抗運動の経験を日本というナショナルな圏域へと一国主義的に回収しようとする言説や発話が、いまも確かに存在する。たとえば、沖縄の反基地運動が、日米安保体制による半永続的な軍事植民地化／主義と、それを支える**日米双方の国家・軍事体制に対する**根源的な異議申し立てであることを顧みることなく、これを日本の国内政治・運動の文脈に回収し、時勢を一にする日本（本土）の他の運動と強引に結び付けるような言説がそれである。

三・一一以降の日本の社会運動についての代表的論者である木下ちがやは、二〇一四年十一月の沖縄県知事選で沖縄固有の文脈のなかでなされた「オール沖縄」という政治的共闘を、その数カ月後にあった大阪都構想の住民投票で都構想反対派が掲げた「オール大阪」というスローガンと重ね合わせる。木下はここで両者を保革対立の垣根を超えた政治的共闘とし、「オール沖縄」をそのロールモデルに設定するのであり、最終的にはそれらを二〇一五年の安保法案への反対運動へと結び付けて論じていく。[10]

ここでは、ひどく無節操になされていく「オール○○」という表記の盗用・流用が見て取れるだけではない。連帯なるものが日本国内の政治的布置のなかで所与のものとして用意されていくのであり、この過程で、アメリカとの共犯関係で成立してきた日本の戦後体制との対峙を通して培われてきた沖縄の民衆の歴史経験は、日本国内の政治・運動の一地方からの部分的現象として回収されざるをえない。

そして、日本と沖縄との連帯が一国内での当然のこととみなされてしまえば、日本と沖縄の歴史的な関係性――明治期の琉球処分、戦後国家体制からの天皇メッセージによる切り捨て、日米安保と抱き合わせの基地の集中化といった歴史的事象――は、後景化ないし忘却されてしまうのである。この傾向は、ここ数年来の日本の抵抗運動でも頻繁に見受けられるが、その光景の最も新しいものが、二〇一五年の安保法制反対運動で執拗に唱和された「国民なめんな」というフレーズであり、そうした認識は「日本は戦後七十年間、直接的には戦闘行為に参加せず、曲がりなりにも平和国家としての歩みを続けてきました[11]」といった言葉に象徴的に現れていた。

もちろん、基地引き取り運動による「「本土」の反戦平和運動が沖縄の基地固定化を招いてきた」というような言明[12]は、そもそもの前提で議会外の直接行動を伴ったそれらと、国家および警察権力との間に存在する非対称な権力関係への省察を欠いてしまっている。また、戦後の日本の反戦運動・反基地運動の歴史やその意義を無視し、一括的に欺瞞的であるとする点は、到底事実とはいえない。[13]だが、基地引き取り運動という運動体を駆動させる源泉に、こうした「国民運動」への批判があることは確認しておきたい。先述の松本亜季は、二〇一三年に、あるミニコミ誌でおこなわれた関西の反基地運動の参加者同士の対談で、次のように吐露している。

「連帯」という言葉とか、やっぱ違和感がある。「連帯」できないということをちゃんと・・・根っこが違う、ルーツが違うということを認めずに、みんな一緒にやろうや、って言うことがすごくデメリットを生んできたというのがあると思う。(14)

固定化されるポジショナリティ

基地引き取り運動に渦巻いているのは、沖縄に対する差別や植民地主義の罪責を個々人のレベルに落とし込んだ末の、強烈な自己批判の意識だといえる。そしてそれは、それほどにまで沖縄とその現状へ危機感を抱く人々が追い込まれている状況を証左するのかもしれない。

日本の沖縄への態度を何と言い表せばいいだろうか。
圧力、強行、恫喝、暴力、差別・・・?
沖縄の米軍基地建設反対を訴えるために、
これまで色んな言葉を使ってきた。
でも、それらの言葉を使えば使うほど、
架空の出来事のように自分からは離れていった。

自分ではない誰か別の人が
沖縄に対してふるっている態度のような気がしてきた。
私が米軍基地反対のために使っている言葉は結局、
自分のための、自分の平和で安全な日々を守るための言葉でしかなかった。(15)

日米安保とアメリカ軍基地の沖縄への固定化を支持する日本政府や日本の大多数の「国民」ばかりでなく、日本の反戦平和運動にさえ欺瞞を見て取れるとき、倫理的な切迫さに駆られながら個人のレベルに落とし込まれた罪責感は、基地を引き受けることによってしか沖縄が負わされた痛みは引き受けられないという主張につながっていく。前述の新聞記事で「個人の信条がどうであれ（略）沖縄に差別政策を強いている日本政府を支えてきた（方針転換をさせられない）日本人であるという「ポジショナリティー」は変えられないものです」と松本が述べているのは象徴的である。

だが、ここで松本がポジショナリティを変えられないものであるとしているのは別の意味でも象徴的である。というのもそれは、先にふれた野村浩也の論に依拠しながら、基地引き取り運動を理論的に支持する立場から積極的に発言している哲学者の高橋哲哉が説くポジショナリティ論とは明らかに矛盾するからだ。高橋によれば、問題は「日本人」のポジショナリティであってアイデンティティではなく、「沖縄人」への差別や植民地主義をやめること――ここでは基地を「本土」に引き取ること――で「日本人」としてのポジショナリティはやめられるものだという。

ここに明らかな両者の矛盾を、しかし、理論と運動とのズレや言葉の厳密さによるものとしてはならない。むしろそれは、高橋や野村が強調するポジショナリティの議論の必然的な帰結として理解すべきだ。

高橋はその著書のなかで、沖縄のアメリカ軍基地問題はあくまでも「本土」や国民＝「日本人」が解決すべき事柄であるとしている。基地引き取りは日米安保体制を維持することになるのではという批判に対して高橋は、それは「「本土」の有権者の意思にかかっているのであって、「本土」の国民の責任なのだ[16]」とする。また別の箇所でも高橋は、「沖縄の反基地運動がいかに高揚しようとも、沖縄から米軍そのものを解体するのは不可能で、それができるのは米国とその主権者たる米国民のみだろう[17]」とする。

ここから看取できるのは、政治的主体性はそれぞれの国での国民化を通してしか立ち上げられないという理解であり、真の責任主体として「本土」の国民＝「日本人」が立ち現れることが望まれるなかで、ポジショナリティ自体が揺らぎのない閉鎖的で単一的なアイデンティティと近似する位置に近づいていくのである。またここでは、アイデンティティそれ自体の複数性、輻輳性、可変性、揺れといったものが捨象され、人種的・民族的かつ国民的なアイデンティティだけが抽出されていく。沖縄と日本との作られた対抗関係のなかですべては、固定的な二項対立を前提とするポジショナリティ／アイデンティティの議論へと横滑りするのだ。

ここで不可視化されるのは、まずもって、抵抗運動の現場ではこれらを超えうる現実が辺野古や高江といった沖縄の反基地運動の現場で生成し続けているという明白な事実である[18]。同時に、この現実を可能にする重要な回路であるはずの痛みをめぐる連帯の可能性もまた、ここでは不可視化されていく。伝播する他者の痛みや情熱、怒りといった情動的な契機は、いつも現場へと向かう人々の傍らにあるだろうし、あり続けてもいる。[19]だがこのことは、事後的な「整理」という図式化において決定的に忘れ去られていくのである。

3　別の未来へ

痛みのモノ化

痛みという観点から基地引き取り運動を考察する際に特徴的なのは、軍事的暴力によってもたらされる被害の痛みが極めて個人化されたものとなるうえに、人種的／民族的なあるカテゴリーに特定化されたモノとして扱われるという点である。そこでは、軍事的暴力の被害の当事者として沖縄（人）が措定され、日本（人）はこの軍事的暴力に加担する加害者としてだけ対比的・補完的に措定されている。つまり、痛みは自己（日本（人））の外部に存在する他者（沖縄（人））にだけ帰せられている。

だが、痛みをこのように個人化しモノ化することは、かえって、痛みを感知できるのは被害の当事者とされるものだけだという認識を生んでしまう。誤解を恐れずにいえばこれは、痛みを被害の当事者とされるものへ特権化しかねず、この場合、痛みに向き合うという姿勢は他者の痛みにのみ向き合うものとなる。そのため、痛みは、他者のそれを引き受けることによってのみ表現できるものとなり、被害の当事者ではない自己にはそもそも痛みなどありえないか、もしくは贖罪的な意識のもとにのみようやく認められることとなる。

このことは、基地引き取りの主張で用いられる、日米安保の利益を享受している「本土」や「日本人」、というような言明に端的に表れているが、[20] ここには基地がもつ機能的な役割や、社会に及ぼす軍事化の影響への視点が抜け落ちているといえる。そもそもここでは、日米安保に守られる安全などありえるのか、という疑問が投げかけられるべきだろう。仮に日米安保が「国益」を守っているとしても、それは人々の「安全」とイコールではない。日米安保が沖縄への基地偏重によって成立してきたことと、それをもって日本（人）が利益を享受していることには隔たりがある。

また、痛みをモノとして捉えるならば、それは切り分けて負担することでしかわかり合えず、分かち合えないものとなる。ここに痛みが数量化されて認識される事態が生まれていくのであり、その行き着く先では、基地の配分をめぐる政治が起動していく。[21] だが、痛みがモノ化されるとは抽象化されることなのであって、このとき、痛みからはその具体性や固有性が剝ぎ取られる。基地引き取りとはこうした痛みのモノ化と抽象化が設定されないかぎりは成り立たないものであり、そもそも痛みのモノ化と抽象化とは、基地負担の「代償」として投下される日本政府の資本投資や開発支援を正当化する議論を下支えするものでもある。

そして、そこには依然として痛みを生み出す軍事的暴力が存在し続けていることを忘れてはならない。もし仮に基地が日本（本土）に引き受けられたとしても、攻撃対象を絶えず設定する（アメリカ軍そして自衛隊）基地の存在が消え去ることはなく、攻撃対象に設定されたまだ見ぬ誰かの痛みは絶えず生まれている。[22]また基地を引き取るとしても、基地のすべてを当の基地引き取り運動のメンバーが抱えきれるわけではなく、新たな形での基地の押し付けが生まれてしまう。

また、ことが軍事基地に関わる以上、被害の当事者としてここで措定できるのは、ほかならぬ沖縄とそこに関わってその生を生きるすべての人々であり、それは沖縄人とイコールなわけではない。そもそも沖縄人と日本人とは、一体何をもってどのように、どこから区別されうるのだろう。

被傷性から

他者に暴力が襲いかかる／かかったのを目にしたとき、人は怒りとともに何らかの痛みを感じ覚えることがある。その痛みは自己という個人の痛みでありながら、同時に、自己とは別様に痛む他者の痛みを感知し、その痛みが自らの身体へと侵入するような経験でもある。被害の当事者が痛んでいるとき、被害の当事者でない（とされた）ものは直接的には傷を負ってはいない。だが、そのことによって何らかの痛みを感じ覚えるというかたちでは、当事者でないもののもまた被傷性に開かれた存在である。自己もまたその暴力によって貫かれていると感じること、他者の痛みを通して自己もまた痛むということを、ただちに他者の痛みを我有し占有することと混同してはならないだろう。

そして、仮に痛みを分かち合うことでしか連帯が実現しないのなら、いまある社会秩序への問いは伏され、あらゆる思考や実践は「現実主義」を前提にしか始まらなくなってしまうことに注意深くありたい。痛みの切り分けや分かち合いとは、国家や為政者による常套句でしかないのである。

また、基地を移設することで痛みを引き受けようとしても、そこには常に当事者の定義をめぐる切り縮めが作動することになる。基地が「地元」に降ってきたとしても、そのことを必ずしも人々が「地元」の問題として意識できるかは別なのだ。

二〇一三年二月の日米両政府の首脳会談で合意がなされ、一四年五月に工事着工し、その年の十二月から運行が開始された京都府京丹後市宇川地区のアメリカ軍Xバンドレーダー基地への反対運動についての論考で、大野光明は、基地建設の過程でこの問題の当事者を基地建設予定地の地権者などに限定し切り縮めようとする日米政府や行政側の思惑があったことを指摘している。[23] ここに明らかなのは、痛みは配分に関わるものとしてあるのではなく、それをどのように感知するかこそが問われているということだ。

軍事化に抗するということとは、基地建設が行われる土地に住む人々を代弁することだけではないはずだ。軍事化に抗するということとは、基地・軍隊をめぐる問題を自らとは切断し、他者化してしまうことで奪われているこの「私」の思考や身体、他者との関係性をつくりなおすという実践なのだ。その際、最も重要なのは、国家が押しつけてくる思考や身体、関係性に抗い、積極的に離脱するということだろう。[24]

必要とされるのは、痛みの分配や分かち合いという思考／志向からまず降りていくことであり、同時に、被害の当事者ではないとされるものもまた自らの被傷性を自覚し追想するなかで、他者とことである。

は別様に当事者になっていくことだ。また、そこから異なる政治が始まっている可能性を肯定する

二〇一二年十月、その前月に起こったアメリカ軍新型輸送機オスプレイ配備をめぐるアメリカ軍普天間基地の封鎖阻止行動の余韻が冷めぬなかで、アメリカ軍兵士二人による沖縄でのレイプ事件が報道された。田崎真奈美は、この事件への抗議としておこなわれた「night picnic」という友人たちとの企画を報告しながら、これまでの運動が発信してきた性犯罪のサヴァイヴァーへの「あなたは悪くない」というメッセージの大切さを最大限に尊重しながら、そのうえでなおさらに一歩を進めるべきだとする。

被害者を対岸にいる他者としてではなく、すぐ傍にいる他者として想像するために。そして、わたしもまた傷ついたということを知覚し、言葉にするために。(25)

性暴力に対する想像力を呼びかけると同時に、性暴力が絡み付いた軍事的暴力に対する想像力への呼びかけともなっているこの言葉の先に、異なる運動が生きられていることが感受されなければならない。辺野古や高江での経験の延長に位置づけられたこの試み(26)は、自己と他者との痛みが同じでないことを理解しながらも、それを切り分けることなくどう感知し、どう共震できるのかを問い、それを実践へと移していこうとしている。ここで見据えられているのは、この痛みを生み出す暴力に私たち自身の生や日常がどのようにさらされているのかを問い直していくことである。

誰もが同一的な暴力によって、まったく非同一的な痛みのなかに生きている。そしてなにより、この痛みに対して立ち向かいたいと願っている。ならば、抗うべきはこの暴力を生み出す源泉である政治のありようそのものである。それは連帯をめぐる痛みを無化したり、痛みをめぐる連帯の可能性を「国民運動」の文脈に接続して国民的紐帯へと回収していくような抵抗運動のあり方を拒否することでもある。だから、この抗いは与えられた「現実」という視野そのものを問い返していくこと、覆していくことを厭わないし、そこからより根源的であることを選び取っていく。それは、痛みから垣間見える別の未来なのだが、いまこの瞬間に立ち現れ続けているものであって、やがて到来するであろう未来ではない。この別の未来は、常に「現実的」なのである。[27]

おわりに

「沖縄問題」と名付けられた問題をある限られた地理的圏域の問題と理解するのではなく、「私たち」の問題として向き合うこと。これは「沖縄問題」について交わされてきたあまたの議論が生み出した一つの到達点である。この重要性をふまえながらも、基地引き取り運動という現れのなかで、私たちはこの到達点を新たなものへとする必要性に迫られている。

　つまり、抵抗運動の当事者性と連帯にとっては、「どのように」当事者になるのかだけが重要なのではない。私たちにいま問われているのは、「どのように」そして「どのような」当事者になるのかということなのだ。[28]後者の視点を欠くとき、痛みは現在の秩序と結び付きながら、「私（たち）」と「あなた（たち）」との間に確固としたスラッシュを引き入れかねない。だが、求められているのは、痛みとともに「私（たち）」と「あなた（たち）」の関係性が変わっていくことである。そのとき呼びかけへの応答とは、呼びかけられたことをただ反復することにあるのではない。だからこそ、私たちはあらためて次のことを確認しなければならない。「沖縄問題」が「私たち」の問題でなかったことなどない。ならば、向かうべきは当事者性のその先にある。

注

（1）こうした歴史性と現在性については、大野光明『沖縄闘争の時代1960/70——分断を乗り越える思想と実践』（人文書院、二〇一四年）を参照。

（2）村上陽子『出来事の残響——原爆文学と沖縄文学』インパクト出版会、二〇一五年、二七七—二七八ページ

（3）新崎盛暉『基地のない世界を——戦後50年と日米安保』（「沖縄同時代史」第六巻〔1993～1995〕）、凱風社、二〇〇四年、一四ページ

（4）野村浩也『無意識の植民地主義——日本人の米軍基地と沖縄人』御茶の水書房、二〇〇五年

（5）新城郁夫「日本占領再編ツールとしての沖縄返還」「特集 戦後七十年」「現代思想」二〇一五年八月号、青土社、九五—九六ページ。また土井智義は、沖縄の「在沖ナイチャー」を考察した論文のなかで、野村によるこうした論が反基地運動に対してだけでなく、ヤマト（日本）から沖縄への「移住」

に対しても同様に向けられることにふれながら、これが沖縄社会のなかの階級問題を隠蔽し、それらを人種的対立の問題へと封じ込めようとするものであると批判している（土井智義「集団就職と「その後」」、鳥山淳編『沖縄・問いを立てる5――イモとハダシ』所収、社会評論社、二〇〇九年）。

（6）県外移設論の日本（本土）での受容に特徴的なのは、こうした主張が沖縄の声を代表するものとして流通していくなかで、反基地運動をめぐる沖縄の声に含まれる多様な主張や言葉が見えなくなることである。この典型的な例として、本章第3節でもふれる高橋哲哉『沖縄の米軍基地――「県外移設」を考える』（集英社新書）、集英社、二〇一五年）がある。「沖縄の声」を人種民族的対立に還元させ代表させる言説からの離脱が求められている。

（7）これらについては、田中佑弥『辺野古の海をまもる人たち――大阪の米軍基地反対行動』（東方出版、二〇〇九年）を参照。

（8）「沖縄の米軍基地 大阪に 市民団体が「引き取る」運動」「琉球新報」二〇一五年七月十三日付

（9）松本亜季「「県外移設」という問い①まず沖縄差別解消を」「琉球新報」二〇一五年八月二十日付

（10）木下ちがや「二〇一五年七月一六日――「安保法制」はなにをもたらしたか」、「総特集＝安保法案を問う」「現代思想」二〇一五年十月臨時増刊号、青土社。一方で、「オール沖縄」という政治経験が歪められ盗用されていくことへの批判が、ただちに「オール沖縄」それ自体への全面的な称賛に直結するわけではない。「オール沖縄」という政治経験の内実やその意義と課題を分析したものには、さしあたり、阿部小涼「草の根で新たな政治へ／県民、生存選ぶ選択　県知事選結果を読む㊦」（「沖縄タイムス」二〇一四年十一月二十日付）がある。

（11）「SEALDs　自由と民主主義のための学生緊急行動（SEALDs）戦後70年宣言文」二〇一五年九月二日（http://site231363-4631-285.strikingly.com/）［二〇一八年三月四日アクセス］

(12) 前掲『沖縄の米軍基地』第二章を参照。

(13) この点については、道場親信『占領と平和――〈戦後〉という経験』(青土社、二〇〇五年)に立ち戻る必要がある。

(14) ホヤ/松田秀代/松本亜季/ゆみっぺ/大野光明「座談会・関西と沖縄をつなぎなおす」「PACE」第八号、二〇一三年、六四ページ

(15) これは第1節でふれた引き取る行動・大阪による二〇一五年七月の集会のフライヤーにつづられた文章である。「沖縄差別を解消するために沖縄の米軍基地を大阪に引き取る行動」([http://hikitori.koudo.info/flier/20150712_u.pdf] [二〇一八年三月四日アクセス])で見ることができる。

(16) 前掲『沖縄の米軍基地』一一五ページ

(17) 同書一一八―一一九ページ

(18) 新城郁夫「「掟の門前」に座り込む人々」、「特集 戦争の正体」「現代思想」二〇一四年十一月号、青土社

(19) ここで想起しているのは、九・一一以後のアメリカで、哀悼される生とそうでない生が存在することを指摘しながら、身体の相互依存性や相互被傷性においてこの事態を批判的に再考し新たな「私たち」の共同性を描こうとするジュディス・バトラーが、一九六〇年代から八〇年代のフェミニズム運動やゲイ・レズビアン運動にふれた、ある一節だ。「しかしたぶんエクスタシーというのは、それよりもっとしつこく、いつも私たちとともにあるものではないだろうか。「エクスタティック」とは文字通り、自分自身の外にあることであり、つまりさまざまな意味を孕んでいる。情熱に駆られて自分を超えてしまうこと、しかしまた、怒りや悲しみで我を忘れてしまうこと。もし私がいまだに「私たち」という言い方をして、その中に自分自身を含めることができるなら、私がいま語りかけている

のは、性的情熱にしろ、感情的悲しみにしろ、政治的怒りにしろ、ある意味で自分の脇にいて我を忘れているような生き方をしている人たちに対してなのだと思う」（ジュディス・バトラー『生のあやうさ――哀悼と暴力の政治学』本橋哲也訳、以文社、二〇〇七年、五五―五六ページ）

（20）前掲『沖縄の米軍基地』第二章・第三章を参照。

（21）前掲「「掟の門前」に座り込む人々」二二四―二二五ページ

（22）ここに、県外移設論や基地引き取り運動が日米安保を容認してしまうということへの批判の根源的な意味があるように思われる。それは、なにも安全保障的観点への批判としてだけではないだろう。

（23）大野光明「軍事化に抗するということ――京丹後市・経ヶ岬での米軍基地建設問題をめぐって」、前掲「PACE」第八号、六九―七〇ページ

（24）同論文七一ページ

（25）田崎真奈美「night picnic――新たな現場を紡ぐ」、ひろしま女性学研究所編『言葉が生まれる、言葉を生む――カルチュラル・タイフーン2012 in 広島ジェンダー・フェミニズム篇』（hiroshimas・1000シリーズ）所収、ひろしま女性学研究所、二〇一三年、五七ページ

（26）「いま、普天間・辺野古・高江で抵抗の「現場」が創造されている。それぞれの「現場」は様々な色の糸で編まれているかのように絡み合いながらも存在している。さらに、そこに新たな色を加えるように「現場」を創造したい。被害者の痛みを「知覚」して終わるのではなく、共振し、抵抗へと繋げる方法を編み出し、抵抗しながらも模索しなければならない」。「night picnic」のフライヤー「ナイトピクニック――私たちは「被害者」に寄り添えるのか」から。「monaca」（http://okinawamonaca.blogspot.jp/2012/11/monaca-presents-night-picnic.html）［二〇一八年三月四日アクセス］で見ることができる。

(27)またこれは、非現実的とされることがある「全基地撤去」という反基地運動の主張についても同様である。オスプレイ配備をめぐるゲート封鎖という未曾有の事態は市民たちがゲート前の空間に「座り込む」というただそれだけのことによって起きた。それは巨大で圧倒的に思われた基地機能を麻痺させたのである。アメリカ軍基地の全基地撤去とは決して絵空事などではない。この封鎖行動の時系列的展開については宮城康博／屋良朝博『普天間を閉鎖した四日間』(高文研、二〇一二年)が、思想的意味合いについてふれたものとしては新城郁夫『沖縄の傷という回路』(岩波書店、二〇一四年)の「序　生のほうへ」が、それぞれ重要である。

(28)この点については、森田和樹さんにご教示いただいた。また、本章は森田さんとの議論に多くを教えられたものであり、ここに感謝を記したい。そのうえで、当然ながら本稿の最終的な責任は筆者にある。

［追記］本章は一旦二〇一五年の年末に脱稿したものである。その後、出版企画自体の遅延に伴い、あらためて二〇一七年に改稿することになった。一五年の原稿には現在の筆者の見解とは異なる部分もあったが、一五年という特定の日付を伴って書かれた文章としての側面を重視し、改稿は部分的なものにとどめた。また改稿に際して新たな資料などの参照は避けた。基地引き取り運動への筆者の現在の認識については、いずれ別稿を期したいが、しかし状況はさまざまな意味で悪化していると考えており、より批判的な考察が求められている。

第10章　痛みが消えるときをめぐって

島本咲子

1　「痛み」の行方

私には、社会からすでに忘却されたとみなされる事件を五年、十年たっても追跡し、調べてしまう癖がある。その過程で、報道されていない事件の背景や詳細が明らかになっていく。自身の専門研究とはまったく無関係の問題であるにもかかわらず、なぜ多大な時間を費やして調べてしまうのだろうか。何が私を駆り立てるのか。大学院での講義で学ぶうちに、わかったことがある。私は「痛み」の行方が気になるのだ。メディアで騒がれる時期が過ぎ去った後、事件に関連する人々のそれぞれの痛みはどうなっていくのだろうか。騒ぎの沈静化に比例し、痛みも収まっていくのだろうか。事件や事故の報道でも、新聞の大見出しに書かれた死者数よりも小さく書かれた重軽傷者数が気になる。そして、死者の家族が気になる。一体このなかのどれほど多くの人が一生痛みを抱えて生きていかなければならないのだろうか。命が助かればそれで終わりではなく、そこから始まる苦難もあるだろう。つまり、社会がどうであろうと、私は解決したと思っていないということだ。たとえ終わった事件とされていても、決して終わったと思えない。なぜなら、裁判が終わった瞬間に被害者や家族の痛みが消え、以前と同じ生活が戻ってくるとはかぎらないからだ。目の前の事件にばかり目を向けるのではなく、痛みの行方を見ようとすることによって、社会の別の側面が見えてくるのではないだろうか。それは、被害を受けた人と私、あるいは私たちとの関係でもある。誰もがいつなんどき被害者になるかわからない。当たり前の生活が突然奪われる可能性は誰にでもある。被害者とは特別な人間ではなく、私たちと同じように普通に暮らしてきた人たちなのだ。被害を受けた瞬間を境に、選択の余地なく「被害者」というカテゴリーに追いやられてしまう苦しみを、鈍感に見過ごしてしまっていいのだろうか。もし自分がその立場になったとしたら、どう思うのだろうか。自分には無関係なことだと被害を受けた人々を他者化する社会に、多数派には属さない人も含めた一人ひとりの幸福を一人ひとりが考える、そんな未来はあるのだろうか。

そんなことが最初に気になったのは、もしかしたら、ずっと昔のことなのかもしれない――。

小学生のころ、夏休みに母の実家である田舎（いなか）に泊まりにいったときのことだった。祖父が夕刻に時代劇ドラマを見ていた。そこでは、主役が襲いかかってくる大勢の悪党どもをバタバタと斬り倒していくシーンが繰り広げられていた。シーンを盛り上げる壮快な音楽が流れるなか悪者をやっつけていく見せ場のシーンだが、子どもながらもそこには「勝利」と「正義」しか存在せず、その他大勢である死にゆく人々の感情は存在する余地がないように見えた。私はその斬られた一人ひとりの人生がそこで終わってしまったことや彼らを失った家族を思い浮かべて怖くなり、夜中じゅう泣き続けて親を困らせた。大人になった現在ではそうしたシーンにも見慣れて鈍感になってしまったような気もするが、あの感覚は、自衛隊任務の危険性の高まりが議論されている現在の日本社会にとって必要なのではないかと思う。

正義とみなされた者が勝ち残ることは、平和でも解決でもないのではないか。なぜなら、その平和は必ず誰かの犠牲を前提としたものだからだ。敵とは誰なのか。みなそれぞれに名前や感情があり、夢や生活をもち、自分の人生を生きる一人なのだ。また、本人にとっては相手の側が悪とみなすことこそ正義だという場合もあるだろう。ほとんどの戦争は、ただ敵対関係にある者同士が互いに相手を悪者と名指しているだけではないだろうか。

軍事主義の性別性を検討する鄭柚鎮は、「人々が痛みを与えたり傷つけられたりすることに自覚的に（無自覚的に）慣れてしまう過程を軍事化と設定するなら[1]」という前提に立って、議論を投げかけている。もし軍事化というものをこのように考えてみたらなおさらかもしれない。いまこそこの思考が求められているのではないだろうか。現在の私たちの社会では、「守られるべき私たち」と線引きをし、どこかで「どうなってもいい人たち」を想定してはいないだろうか。言い換えれば、自分たちの身の安全は確保し、一部の人々に犠牲を強いている現状を無言で承認してはいないだろうか。していない、と本当に自信をもっていえるのだろうか。

このような問題意識に基づき、本章は大藪順子の著書を取り上げ、性暴力事件を中心に、法的・制度的解決では解消できない、被害者の痛みの問題を考えていきたい。大藪は、一九九九年にアメリカの自宅で就寝中にレイプ被害にあった大阪府出身の写真家であり、『STAND』[2]の著者である。プロジェクト「ＳＴＡＮＤ：性暴力サバイバーたちの素顔（STAND: Faces of Rape & Sexual Survivors Project）」を立ち上げ、現在アメリカ人の夫と娘とともに、再び日本で暮らしている。

解決とは、痛みがなくなることであるという点を、本章の議論の出発点にしたい。重要なのは痛みの行方であり、痛みがなくならないかぎり解決とはいえないのではないかと、私は考える。この点を中心にすえることで浮かび上がる関係や世界に、希望をかけたいと思うのだ[3]。痛みがなくなるとは、どのようなことなのか。そもそも、なくすことは可能なのだろうか。私は痛みが結果的にゼロになることを主張しているのではない。なくなることを目指すことでしか得られないものがあるのではないかということを伝えたいのだ。ゼロを目指すことによって見えてくる世界、変わっていく社会が大切だと考えているのだ。なぜなら、人と人との関わり合いのなかで痛みは変容していくからだ。「可哀想な人」といった、何かが奪われた欠陥がある人間という前提からの視線ではなく、被害者とともに変わっていく社会を追求したい。それによって見いだされる解決は、法的解決や制度の問題とは異なるだろう。

2　旅する「痛み」へ

ゼロを設定することによって見える世界を考えるうえで、前述のとおり、大藪順子の著書について論究したい。彼女や彼女が取り上げたレイプサバイバーたちは、この本の書名どおり、立ち上がる選択をしていくのだ。著者は文筆家でも学者でもないが自分の性暴力被害体験について細かくつづっていて、人と人との関わり合いのなかで痛みの変化を試みたプロセスを丁寧に描いていることから、この本を取り上げることにした。大藪は自分と同じ被害者を勇気づけるために書いており、同書に対しては、被害者である彼女が立ち上がり、「被害者」のまま終わらず写真家という職業を通して他の被害者たちをも救済していくことに対する称賛の意見が多く見られる。無論それは事実であり、私も同感ではあるのだが、本章では彼女が周りの人々にどのように支えられ、そして痛みがどう変わっていったのかという過程に焦点を置いて分析したい。

レイプ被害後、大藪はパニックアタック（不安発作）にたびたび襲われ、職場復帰に苦しみながら一年半うつ状態が続いたという。

警察の事情聴取からアパートに帰ってきたとき、彼女の体は恐怖と緊張で震えだす。「壊されたのはアパートだけではない。私がそれまで持っていた安心感やプライバシーだけでなく、私という人間自体をも破壊されたのだ」[4]。大藪は犯人が捕まるまで親友の家に居候するのだが、シャワーを浴びた後にこう思うのだ。「鏡に映る私の顔は、やはり誰か違う人のようだった」[5]

　これは、性暴力被害を受けた女性はある位置に置かれることでまずは捉えきれない状況に陥り、自分の位置を見失ってしまうということだろう。鄭は、ジュディス・バトラーの「ある種の言葉やある種の名指され方が身体上の安寧に対して脅威としてはたらくだけではなく、名指しの方法によって身体が支えられたり、身体が脅かされる」という言葉を取り上げ、性暴力被害者について、「何か訳のわからない未来へ投げ出され」「自分の状況が把握しきれなくなる」苦しむ身体は泣き寝入りするしかないだろう」[6]と論じる。性暴力という「予想しなかったこと」（傍点はバトラー）が、また、性暴力によって発生する予想しなかった言葉や名指しが、いままで存在していた彼女たちの場所を揺るがしてしまうということだろう。言葉や名指しは、場合によっては暴力性をはらみ、社会のなかで身体がもっていた既存の能力を侵食する武器となりうる。名指しは彼女たちを既存の場所から引きずり出し、立つ位置のない不安定な外部へと押しやるということだ。

　バトラーがいうように、大藪は予想だにしなかった状況に置かれてしまったことによる、不安定な身体への苦しみを訴えている。

　彼女は一日に何度もシャワーを浴びるのだが、それでも自分に染み付いてしまった汚れが消えたとは思えないのだ。「すっかり自分が傷物になってしまったようで悔しかった。何よりもレイプ前の自分でなくなった事が一番悔しいのかもしれない」[7]。そして、親友の「新しい出発」という表現に、レイプにあった人間は新しい自分にならなければいけないのだろうかと戸惑う。「私がレイプに遭ったというだけで、ソニーまで私を弱い者扱いするのだろうか」[8]

「悔しい」という感情と「可哀想」という視線との間には隔たりが存在する。彼女の親友はカウンセラーで、決して不用意な言葉を発したわけではなく、大藪は実際に新しい出発をすることになるのだが、このときは自分自身に対する名指しに苦しみ、アイデンティティが大きく揺らぎ、友人の善意の言葉から被害者化を感じ取るのだ。バトラーは、「発話は触発する力をもち、発話者が意図した効果と、意図しなかった効果の両方を有する[9]」と述べ、制度的な環境のなかで「ある種の言葉が人を傷つける可能性をもつことを指摘できる。(略)どの言葉も人を傷つける言葉になりうるし、それは言葉の配備次第であり、そして言葉の配備はかならずしも発話環境だけに収斂できるものではない[10]」と分析している。悪意のない発話が相手に否定されたと感じさせ、被害者に対して周りが無意識に傷を与える環境を生み出してしまうということが多々ある。ただでさえ痛みを感じているところに、周りからの視線やレッテルがさらに痛みを与えてしまうのである。「傷物」として晒されていると当事者が感じてしまうという「痛みの社会性」の問題を、私たちはどう考えていくべきなのだろうか。結局、寄り添うことしかないのではないだろうか。

彼女は、親友、職場の同僚、カウンセラー、教会の人々、日本人の友人などに打ち明け、支えられ、「一人ではどうがんばっても不可能な事が可能になる[11]」ことを経験するようになる。どんどん表舞台へ押しやられていくことに不安を感じながらも、ドキュメンタリー番組に出演し、性犯罪防止対策上院議会のパネリストとしてワシントンで発言できたのは、本人の強い意志はもとより、被害後一貫して彼女が周りに支えられていたことも大きく関係していたといえるだろう。ここで重要なのは、彼女の周りの人間の対応である。彼らは「あなたにも落ち度があったのでは」「なぜ抵抗しなかったの」「そんな恥ずかしいことは誰にも話さないほうがいい」といった、日本のセカンドレイプで多く見られる発言を一切しなかったのだ。決して「恥」というレッテルを貼らず、誰もが「あなたの味方だよ」という姿勢を崩さなかった。

「私には多くの味方がいる。絶望の中でもこんなサポーターがいる事に安心感と希望を得る事ができるのは、本当にありがたい[12]」という彼女は、自分自身を説明する試みを通して痛みを変容させていったのではないか。

そして、カウンセラーに勧められたクローズライン・プロジェクトに参加するのだ。それは、性犯罪の被害者たちがTシャツに自分の気持ちを書き、そのシャツを集めて洗濯物を干すようにディスプレイする企画である。いままでの匿名の被害者たちと違い、彼女はTシャツに自分の名前を書く。それは、自分は「被害者」で括られる存在ではなく名前や感情をもった一人の人間なんだという彼女の主張であり、被害者が隠れて暮らさなければならない社会に投じた一石でもあるだろう。

また、裁判長へのビクティム・インパクト・ステートメント[13]に、加害者に対する憎しみではなくほかの人の安全を考慮した手紙が評価され、通常は三年から五年の懲役刑で服役中の態度がよければ一年以内で釈放される場合が多いなか、彼女の弁護士が不可能だと言った求刑どおりの懲役二十年という前代未聞の判決が出された。

「この夏の事件に終止符が打たれた今、私は晴れてオマハに行ける。私はもうパニックアタックに悩むこともないだろう。こんなにうれしいことはない[14]」。大藪は大きな喜びと解放感を感じ、事件に終止符が打たれると同時に痛みもそこで終わるかと思ったのだが、期待とは裏腹に被害から一年近くたったころから同じ悪夢にうなされ続ける。

私たちの社会は常日頃、大きな錯覚に支配されているのではないだろうか。事件を解決するうえで、裁判が一つの重要な要素になることは間違いないが、裁判の行方が痛みの行方と決して等しいわけではないのだ。量刑は加害者の行為に対してかけられるものであり、犯人が罰を受けることによって、失われたものが補完できるとはかぎらない。原因と結果ばかりが強調されるが、殺されるかもしれない、犯人が捕らえられてから被害をめぐる騒動が落ち着くまでに被害者が味わう恐怖や絶望感を伴う「痛み」の領域は、議論の外に追いやられているのではないかと思う。被害や裁判と同時に痛みを終わらせることができたなら、被害者はどんなに救われるだろうか。

大薮は悪夢についてこう語っている。

「痛みを少しでもわかってくれる人に話を聞いてもらえるのは本当にありがたいと感じていた。別にアドバイスが欲しいとかいうのではない。何の評価もせず聞いてもらうだけでいいのだ。嫌な事を無理矢理自分の内側に押し込めて忘れようとしても、結局はどこかに出て行かない限りずっと自分の中に存在し続ける[15]」

それまでは周囲の友人たちに支えられてきた大薮が、被害を忘れるために他州へ引っ越した途端、自分の居場所を見つけられなくなり、内側に押し込めた「痛み」が悪夢となって現れたのだ。

その後、通っている教会の牧師から加害者に手紙を書くことを勧められ絶句するが、悩んだ末、手紙を出すことを通して経験したことのない喜びに包まれることになった。なぜ牧師は彼女にこのような過酷な試みを勧めたのだろうか。本の記述からは牧師の真意を確認することはできないが、結果として彼は被害者が自らの言葉を発するきっかけを作ったのだ。もしかすると、牧師は言葉を発すること自身が新たな局面を開くのだということを大藪に伝えたかったのかもしれない。痛みは固定されたものではない。手紙を書くという行為は話すことと同様、自分の感情を解放する行為ともいえるだろう。どんな結果がもたらされるかはわからないが、自らを表現することで変わるかもしれない。つまり、牧師の勧めは、痛みがゼロになることを目指した試みともいえるだろう。痛みを受けた側が痛みを与えた側に手紙を書く、つまり言葉を生み出すという行為は、並大抵のことではない。二度と話したくも近づきたくもない相手に自ら歩み寄ることによって、忘れたい記憶と向き合わなければならず、恐怖がよみがえることもあるだろう。相当の葛藤とエネルギーを要する行為を、はたして自分ならできただろうか。

牧師に勧められたとき、大藪は不審をあらわにする。「そんなバカな話があるだろうか。この人は何を思ってそんなことを言うのだろう」。しかし、手紙を投函した途端、彼女はあふれるような喜びに圧倒され、笑うことしかできなかったのだ。それ以来感情が戻り、彼女のなかから怒りが消え、大藪はうつ状態から解放されていた。彼女は手紙を書くことによって犯人との関係性を変え、犯人に支配されていた自分の位置を変えることができたのではないだろうか。

また、クローズライン・プロジェクトを見ながら性暴力被害者たちの写真プロジェクト(16)を思いついた彼女は、「被害後も前向きに考える人もいて当然で、あのTシャツの裏に隠れていないで、もっと表で表現したいと思った人もいるのではないだろうか。または被害者が恥ずかしいと思う必要はないという人もいるはずだ。私がそうだったように。写真に写る被害者もいろんな人がいていい。

それぞれの癒しの早さもプロセスも違うのだ[17]」と考えるようになる。

このプロジェクトの参加者たちは、サンプル写真を依頼したレイプ被害者である知人二人以外は、人からの紹介やウェブサイトでの宣伝を見て自ら被写体になってもいいと申し出てくれた人たちだ。被害者が「話せる」から「見せられる」存在に変わっていくこととは、どのような変化なのだろうか。信頼できる人に「話す」ことと、不特定多数の人に自分の写真を「見せる」こととは、大きく異なる。写真として残すことによって、「被害者」という肩書を背負い続けなければならず、理解されずにさらに傷ついたり、いつまでも痛みと向き合い、体験を話し続けなければならない危険性もある。それにもかかわらず写真を載せようとする決意は、彼女たち自身のエネルギーであると同時に、周りにいる理解してくれる人たちの存在があってこそ可能になったのではないだろうか。感情を表に出さず一人で抱え込んで生きていくのもつらいことだろう。大藪はプロジェクトの大きさに伴う責任に押し潰されそうになりながらも、それを達成していく。「私、このプロジェクトの紹介文を読んで涙が止まらなかったわ。それで連絡したいと思ったの。被害者は私とノブコだけじゃないものね[18]」というインド人孤児だった女性は、里親に恵まれず虐待しか知らずに育った。大藪は彼女の壮絶な境遇に言葉を失う。大藪は、バンクーバー、ダラス、シカゴ、ニューヨークなどに被害者の取材と撮影に出かけ、彼女たちのサバイバル体験とその後の歩みのなかで得た決意から多くを学ぶ。このプロジェクトは、陰で苦しむ人たちを力づけるためのものだったが、大藪が自分の体験に意味を見いだし、立ち上がる転機になったのではないだろうか。「痛みを分かち合う時に生まれる絆は、初対面なのに、人種や年齢を超え、私達サバイバーをつなげていった[19]」と大藪がいうように、表に顔を出すことを決意したサバイバー同士が生み出す連携は、水面下に潜む被害者たちに勇気を与え、自分は一人ではないと感じさせ、大きなパワーになったことだろう。

最後に大藪はこういっている。「レイプに遭ったことを感謝するとは言わないが、レイプを通して新たにつくられた自分を神に感謝したい[20]」

これは、記憶から消し去ることができない不幸な出来事があったとしても、その経験を経ることなくしてはなしえなかった幸福や成功を得ることによって、つらい経験に意味を見いだし、過去の痛みが癒やされる例を示している。つまり、大藪の痛みは被害を通して得た仲間や友人、夫、プロジェクト、そして何よりも現在の自分への満足感によって意義があるものとして捉えられるようになったということだ。

大藪の体験記からは、被害体験を言葉にする行為が痛みを変容させるプロセスになるということが浮かび上がってくる。彼女はなぜこのような行為をしようとしたのだろうか。そこには、行為が痛みを変容させるプロセスだけではなく、表現することによって痛みを変容させようとした彼女自身の意志が存在したはずだ。そして、彼女が変えようとしたのは彼女自身の痛みだけではなく、ほかの被害者たちの痛みでもある。大藪は、そうした女性たちとともに痛みを変えていこうとしたのだ。大藪が表現することによって変化することができたのは、彼女の声を聞き、見守り寄り添う人たちがいたからである。ここでの「寄り添う」という意味は、他者として上から施すことではなく、本人と同じ気持ちでともにいるということである。さらに、大藪がほかの被害者たちに寄り添うことで彼女自身の痛みも変わっていった。誰かを救おうとする行為は、救う側も救われる側も心が支えられる。だから、人と人との関わり合いのなかで、「痛み」は旅するのだ。

むろん、これは六十秒に一人の割合でレイプが起こる[21]といわれているアメリカ社会での一例であり、すべての被害者にとっての正解ではないが、性暴力被害者たちに共通する点が多くあると思う。勇気をもって声をあげた人たちも、孤独に闘う人たちも、それぞれが痛みを抱えているはずだ。彼女たちは、沈黙を強いられたり、あるいは「被害者」として語ることを強要されたりしている。被害を隠すことで、周りの人間に嘘をついている罪悪感による痛みでさらに精神的に孤立していく人もいる。勇気をもって話したとしても、周囲から他者化され相手の理解を得られない場合、諦めて心を閉ざすか、理解される可能性を求めてどんどん心の傷痕をえぐりながら話し続けるかしかない。被害者の言葉を拒絶する社会では、痛みは封じ込められてしまうだろう。彼女たちが安心して語ることができる場が確保されなければならない。

では、どうすれば安心して語ることができるのか。寄り添うとはどういうことなのか。それは、相手と同じところに立ち、心に寄り添うということではないか。高いところから見下ろしては寄り添うことはできない。相手と同じところに立つということは、心の距離がないということだ。相手がいい状態のときだけそばにいるのではない。被害によって人格が変わるかもしれない。マイナス思考になるかもしれない。八つ当たりするかもしれない。それでも自分と違う経験をもつ人を他者化せず、相手の痛みや被害を与えた環境を自分のこととして考えることが重要である。痛みを伝える側も難しいが、受け止める側も経験を共有できないので理解は容易ではない。配慮に欠けるのは傷つくかもしれないし、へんに気を使われるのも苦しいだろう。また、本人が、支えられていると気づかないこともあるだろう。簡単なように見えて、実はとても難しい。本当は、寄り添うほうも心が振り回され、かなりの痛みを伴うはずだ。しかし、諦めずにその難しさと向き合い、痛みの変化を受け止め、待つという過程を投げ出さずに模索し続けることが、社会が被害者に寄り添うということではないだろうか[22]。『STAND』は、ただ被害者の心の傷の克服のプロセスをつづった本ではない。著者が自分の経験に意味を見いだし、同様の被害者にエールを送る本ではあるが、痛みの行方を考えるうえで、私はこの本から、被害者が立ち上がることよりも、彼女たちが立ち上がることができる社会の必要性を強く感じた。

被害を受けた人にとって必要なのは、画一的な被害者への同情ではなく、その人にとって被害とはどのようなものか、一人ひとりがもっているさまざまな状態への共感ではないだろうか。他者化された同情は、善意であっても痛みを倍増させてしまうことがある。人間関係の相互作用のなかで痛みも流動し、変容する。または、思いもよらないきっかけで、長年の痛みが消滅することもある。痛みが消え、心が軽くなったときに、自分はこんなにも心が痛かったのかと気づくこともある。また、消えたと思っていたものが、戻ってくることもあるかもしれない。痛みが続くのか終わるのか、いつどうなるのか誰にもわからない。しかし、痛みに寄り添うとき、別のことが起こるかもしれない。痛みを固定されたモノとして解釈するか、変容する痛みに寄り添えるかどうかが、社会のあり方として問われている。その意味では、被害者は回復「させてあげる」べき対象ではないのだ。そこには、上部も外部も存在しない。さまざまな言葉と出会いとともに「痛み」が旅する社会関係、すなわち「私たち」になることが、痛みがなくなることを目指す解決につながるのではないだろうか。まずは、痛みがゼロの方向に向かって流動することができる出会いや言葉に満ちた社会こそが必要なのではないだろうか。

3　ゼロを目指して

本章では、犯人が裁かれたとしても「痛み」が終わったわけではないことについて論じてきた。終わったとか解決したといわれ、メディアも取り上げなくなり、社会から忘却されていっても、被害者は消し去ることができない自らの感情とずっと闘い続けているかもしれないのだ。性暴力被害が継続するケースでは環境を変えることによって被害そのものから逃れることは可能な場合もあるが、「痛み」からは逃れることができない。痛みは自らの身体にまとわりついているものだからだ。被害者たちの身体のなかで「痛み」はずっと存在し続けているかもしれないのだ。加害者を罰することは、あくまで事後的なことだ。重要なのは、その「事後」を社会がどう作っていくかということではないだろうか。失ってしまったものは、裁判や謝罪やお金で戻ってはこない。起きてしまった事件を、なかったものにすることはできない。大藪が、鏡に映る自分が違う人のようだと語るように、また、バトラーが「自分がどこにいるかわからなくなる」[23]というように、誰かの手によって以前とは違う自分にされてしまうことがある。その状況のなかで、痛みの行方はどうなっているのか。事後をどう形成していくのか。その場合、事後性を意識的に自覚することによって、変えられることがあるのではないか。被害を受けた人に変化を求めるのではなく、私たちが考え方を変えることで、社会を変えていくことではないだろうか。社会に根深く定着した差別や抑圧のせいで被害者に痛みを与えることをなくすことが重要だ。被害を受けていない者が被害を受けた者にどのようにして寄り添うのか。もちろん、こうすれば痛みがなくなるというマニュアルは存在しない。しかし、痛みを他者化したままでは共感するのはまず無理なのではないだろうか。痛みに寄り添おうと思えば、自らの身体から類似の痛みの感覚・記憶を探り出し、照合して想像するようになる。その痛みの経験のピースを持ち合わせておらず、未知の痛みに到達できずに苦悩・失敗することもあるだろう。それでも寄り添い続け、見守るしかない。周囲の人間に痛みへの想像力が欠如するかぎり、被害者のなかで痛みは封印されていくだろう。「痛み」に出合ったとき、自分とは無関係の世界だと思考から切り捨てるのではなく、自分を相手に置き換え、自らの問題として考え直す再構成のプロセスが必要である。「可哀想な人」という言葉からの視線は、癒やしとは無縁だ。

社会性としての平和を考察する冨山一郎は、「証言にもならない傷への想像力を作り上げること」[24]を政治の問題として考察する。何を第一に考えなければならないのか。被害を受けた人々を、傷の克服のためという名のもとに他者化することでさらなる痛みを与えるのではなく、ともにいようとする構えが必要なのではないだろうか。同情する側・される側、受け入れる側・受け入れられる側といった線引きそのものが、政治の可能性を妨げているだろう。なぜなら、選択肢をもっているのは、同情する・受け入れるという主体側だけだからだ。被害を受けた人の痛みを想像し、高見から評する場のないフラットな社会を構築することが「癒やし」となり、痛みが消えることにつながるのではないか。癒やしとは、誰もが自分の居場所を確保し、自らの存在を肯定的に捉えられる環境ではないだろうか。「彼ら」対「私」といった関係が変わらないかぎり、どれほど刑法が厳罰化されようと、性暴力も痛み自体もなくならないだろう。

性暴力被害は、無差別殺人などと同様、被害者には人格や人生など存在しないかのような加害者の身勝手な行為によって起こる。加害者が極めて不遇な環境に置かれていたとしたら、そのなかで相手の痛みを推し量るのは困難かもしれないが、痛みを感じているからこそ想像もできるのではないだろうか。自分が痛みに苦しんでいるなら相手も同じかもしれないし、相手がそうなら自分も痛みを感じるかもしれない。大切な人の痛みは、被害を受けた本人よりも痛く感じることもある。だとすれば、痛みは誰のものなのか。他者化ではなく、相手の痛みを自らのことと考えて想像するという努力が求められている。「痛み」とはどんな場合であれ測ることなどできず、司法の判断で軽重が決まるわけでも金銭に換算できるわけでもない。法的解決をゴールとした瞬間に不可視化されてしまう領域を見過ごさず、丁寧にひもとく作業が必要である。

もちろん、すぐさま社会のすべてが変わるわけでも、容易に痛みがなくなるわけでもない。しかし、目指さないかぎりそれを実現することなど決してできない。たとえば、日本はペットブームの一方で世界的にイヌやネコの殺処分数が多いのだが、熊本県熊本市は、そのような状況下「殺処分ゼロ」を目指し、十年以上かけて成功している。熊本市が殺処分ゼロを達成できたのは、職員たちの努力と市民の協力に加え、自治体の規模が小さいことも関係しているので、ほかの自治体の努力が足りないと批判するものではない。しかし、「これまで試行錯誤した結果、行政だけでいくら頑張ってみたところで生存率は一〇％前後が限界[25]」と職員がいうように、「ボランティアや推進協議会の協力があってこそ[26]」の結果である。『殺処分ゼロ』の著者である藤崎童士はいう。「「殺処分ゼロ」は、いわゆる「普通」の地方公務員と市民ボランティアから発動されたものであった。「普通」と違うことはたった一つ。彼らは愚直なまでに本気であったのだ[27]」。つまり、周りの協力とゼロを目指す本気さがゼロを実現させたということだ。

職員全員がゼロを目指すことによって飼い主との関わり方を変え、それによって飼い主が変わっていき、ボランティアの市民が立ち上がったのであり、周りの人々とともに築き上げた結果である。達成できた年もあればそうでない年もあるが、ゼロになったかどうかが重要なのではない。それを目指そうとする過程のなかで生まれる関係、見えてくる世界があるということ、つまり、ゼロを目指すことがどのような力をもつかということを私は伝えたい。私たちは、ともすれば原因と結果だけを重視しがちだが、ゼロを目指すという試み、つまり〝過程〟こそが社会を変えるパワーを生み出すのではないだろうか。

もちろん、性暴力被害は想像を絶する痛みで、仮に私が被害にあった場合、必ず立ち直るといえる自信などまったくない。長い年月と多くの葛藤を乗り越え、さまざまな出来事と出合って痛みが流動するなかで、ときには自暴自棄になりながら、もがき苦しむだろう。簡単に痛みが「消える」などとはいえない、極めてつらい経験だろう。しかし、それでも被害者の痛みがなくなることを目指す社会、ゼロに向かって寄り添い、ともにいる社会が構築できたならば。

実現できるかどうかは、ある意味別の問題だ。目指そうとしたときに何が起こるのか。周りが変わり、社会が変わり、自分も変わるかもしれない。解決の可能性を追求し続け、一人ひとりの痛みがなくなることこそをゴールとして据えることが重要ではないか。論点になるのは、ゴールに据えるという構えではないか。それは、関係を変えることでもある。

注

（1）鄭柚鎮「軍隊のある社会で凝視すべき身体の言葉――志願制への主張（韓国）と基地撤去論（沖縄／日本）をめぐる小考」「大阪大学日本学報」第二十八号、大阪大学大学院文学研究科日本学研究室、二〇〇九年、三六ページ

（2）大藪順子『STAND――立ち上がる選択』いのちのことば社、二〇〇七年

（3）鄭柚鎮は、痛みをめぐる議論の可能性について、希望とは、身体と言葉との関係に関する期待感と、「私たち」という複数の途上の関係に関する緊張感が重なり合う場での、あるいは当事者という所有格が曖昧になってしまう瞬間の、あるいは感情問題をめぐるせめぎ合いが政治の問題として現出される空間での、あるブレのような経験のことかもしれないと述べている。本章はこの論考から示唆を受けた。鄭柚鎮「「安保の問題を女の問題として矮小化するな」という主張をめぐるある政治――感情問題をめぐる政治の葛藤、あるいは葛藤という政治」（冨山一郎／森宣雄編著『現代沖縄の歴史経験――希望、あるいは未決性について』〔「日本学叢書」第三巻〕所収、青弓社、二〇一〇年）四一二ページを参照されたい。

（4）前掲『STAND』三四ページ

（5）同書三七ページ

（6）本書第2章「軍隊がある社会で凝視すべき身体の言葉――志願制への主張（韓国）と基地撤去論（沖縄／日本）をめぐる小考」（鄭柚鎮）、ジュディス・バトラー『触発する言葉――言語・権力・行為体』竹村和子訳、岩波書店、二〇〇四年、七―九ページ

（7）前掲『STAND』四七ページ

（8）同書五〇ページ

（9）前掲『触発する言葉』六一ページ

（10）同書二一ページ

（11）前掲『STAND』三四七ページ

（12）同書四七ページ

（13）裁判で被害者が言いたいことを裁判長に伝えるための手紙で、これによって刑罰が左右されることもある。

（14）前掲『STAND』一六六ページ

（15）同書二二〇ページ

（16）大藪は、約七十人の性暴力被害者を取材・撮影し、アメリカ・日本各地で写真展と講演活動をおこなっている。

（17）前掲『STAND』二六〇ページ

（18）同書二八六ページ

（19）同書三一三―三一四ページ

（20）同書三四七ページ

（21）同書三二五ページ

(22)『シークレット・サンシャイン』(監督:イ・チャンドン、二〇〇七年公開)という韓国映画がある。息子を誘拐され殺害された母親が、加害者がいる刑務所に面会に行く場面があるのだが、彼女は一体どんな気持ちで会いにいったのだろうか。加害者を許すことで自分を支えよう、何かを変えようとしたのではないかと推測される。しかし、結果というのはわからないもので、彼女は自分が痛みを乗り越えたと判断して息子を殺した男に面会しにいくのだが、予想に反し、加害者と会ったことによって心が崩壊していく。裁判が終わり加害者が裁かれても、決して乗り越えられたのではなかったのだ。しかし、彼女が痛みに耐えきれず万引きをしても自殺未遂をしても、そっと寄り添う人物がいる。特別なことを言うわけでもするわけでもない。ただただ、寄り添っているのだ。彼女は支えられていることに気づいてないが、彼の存在は確かに彼女の支えになっていることだろう。「寄り添う」ことを考えるうえで、一例としてここに引用したい。

(23)本書第2章の前掲「軍隊がある社会で凝視すべき身体の言葉」、前掲『触発する言葉』七―九ページ

(24)冨山一郎は、「癒しが政治になること。証言にもならない傷への想像力を作り上げること。こうした営みなくして戦後という時間は問題化されないし、平和を作ることはできないのだ」と述べている。冨山一郎「平和を作るということ」『増補 戦場の記憶』日本経済評論社、二〇〇六年、二四七ページ

(25)藤崎童士『殺処分ゼロ――先駆者・熊本市動物愛護センターの軌跡』三五館、二〇一一年、五七ページ

(26)同書五八ページ

(27)同書二五二ページ

終章　旅する痛み

——新たな言葉の姿を求めて

冨山一郎

1　すだ

そろそろ「すだ」をしませんか。いつの頃からか、鄭柚鎮さんからこういわれることが、定例になった。「すだ」とは、ハングルで、「おしゃべり」という意味だが、そこには学会などでおこなわれる議論というよりも、日常のなかで交わされる言葉たちの領域という意味が、込められている。しかしこの柚鎮さんとの「すだ」は、単なる日常的言語や慣習的行為ということではない。むしろ意識的に、自らの日常や身体性に引き付けて言葉を探し、語るということなのだ。だが他方でアカデミアの学知においては、知を語る者の感情や身体感覚は、直接的には見えてこない。むしろそうしたことを表出することは、禁じられているといってよい。

だがしかし、言葉にすること自体がたえ難い苦痛であり、忘れることによってようやく生き延びることができるような出来事が、やはりある。こうした出来事においては、それが言葉として言及されるたびに、抑えがたい怒りと痛みを伴う身体感覚が湧き上がる。歴史を構成している個々の出来事は、まずもってこうした苦痛や怒りの中で言葉を獲得するのではないだろうか。そして本書で扱った軍事的暴力とは、まさしくこうした言葉たちにより表出されてきた。

こうした感情や身体感覚と切り離すことのできない言葉の領域を前にして、学知はしばしば日常生活とアカデミア、感情と理性、主観と客観、個別と普遍といった言葉の区分を持ち出して、自らの役割を守ろうとする。だが孫歌は、こうした区分自体が知の役割を放棄したことになると厳しく指弾している。孫歌は、南京大虐殺に言及しながら、虐殺が想起される際に湧き上がる苦痛や怒りよりも、考証によって得られた客観的事実が正しい歴史であるという、「文献考証の考証に満足して、人々の感情記憶を完全に無視したり、果てには敵視したりする」ような、「このような歴史学の絶対的な合法性はどこからくるのだろうか」(1)と問うのだ。

この孫歌の問いは、南京大虐殺に対する中国における人々の感情に対して、感情ではなく歴史的事実の検証が必要だと主張したある歴史家の発言を受けて述べたものである。またここで指弾されているのは、言葉の区分とそれがもたらす正しさをめぐる「絶対的な合法性」であり、それはまさしく学知の権力性にかかわるだろう。同じく孫歌は溝口雄三との対談の中で、事実と真実を区別した上で、次のように述べる。

議論を必要とするのは、実は事実の客観性の問題ではなくて、事実はいったいどんな状況下で真実たりうるのか、どんな状況下で非真実になるのか、ということ。端的に言えば、議論を必要としているのは状況そのものだ、ということです。[2]

「絶対的な合法性」に引き付けていえば、ここで孫歌がいう状況とは、アカデミアにかかわる制度そのものである。孫歌は、制度を前提として語られる学知の正しさではなく、その知の制度自体を問題にしようとするのだ。[3]「議論を必要としているのは状況そのもの」なのである。

「すだ」は、言葉の区分において学知の領域を守ることを拒否する。くりかえすがそれは、日常的言語こそが重要であるという意味ではない。そうではなく、区分を持ち込むことが問題なのだ。またいい方を変えれば、区分を持ち込むことなく語ろうとする「すだ」は、この孫歌の問いを正面から受け止めることでもあるだろう。すなわちそれは、あえて知を語る者の感情や身体感覚を引き出しながら語ることにより、いつもは問われることのない知の前提を問題化し、状況の中で再検討し、知るということを再設定しようとする営みなのだ。そしてこうした営みこそが、軍事的暴力を言葉において議論することにつながるだろう。

本書に所収されている文章は、私のものも含め、すべて鄭柚鎮さんとのこうした「すだ」において生まれたものである。また柚鎮さんとの「すだ」は、院生の場合は演習という場がそれにあたる。いわば大学院のカリキュラムに、「すだ」が確保されているのだ。制度の中に「すだ」を介入させせることは極めて重要なことだ。先取りしていえば、「すだ」とはある種の運動体なのであり、[4]制度の内部から制度批判を構成していく作業なのだ。

そしてこの演習という名の「すだ」は、一コマ九十分といった区切られた時間ではない。場合によっては五時間、六時間にもおよぶ。そこでは予定された時間割は次第に消失し、「すだ」の時間が場を支配していくのだ。そして「すだ」をへて、私たちは痛みにかかわる言葉の輪郭を手に入れていった。「すだ」こそ、痛みにかかわる言葉の在処にかかわるのだ。

2 自分自身を説明するということ

「すだ」は、自分の考えを丁寧に言葉にしていくことから始まる。そこにはよくある、学界動向や先行研究の整理といった手続きは、ない。あえていえば、先行研究という形で存在しているすでにある議論は、この自分の考えを丁寧に言葉にしていくプロセスにおいて浮かび上がり、連累していくのだ。この連累は、一般的な学界動向や先行研究ということではなく、言葉によって輪郭が与えられていく自らの考えとの接近戦的な関係の中でこれまでの言葉が明示されることであり、明示された言葉自体が輪郭の一部を担っていくのである。そこでは自分の考えは、明らかに他者の言葉との関係の中にあり、別のいい方をすれば、その関係を明示することなく成立する自分の考えなどありえないということである。

がんらい学知とは、他者が遺した言葉に最大限の敬意を払うことであり、この他者の言葉への敬意は、自らの考えの輪郭を言葉において丁寧に構成しようとすることにおいてこそ達成されるのだ。この敬意こそ、学知において私がもっとも重視したい点であり、この敬意において明示されるのが、真の意味での先行研究だと考えている。また昨今大学教育の中でよくいわれる剽窃問題や剽窃チェックなどは、自分の考えを丁寧に言葉にしていくという営みが大学という制度の中で失われているという証左なのだと思う。

ところで、言葉が自分の考えに輪郭を与えていくという営みが、他者との関係において成立するということは、自らの考えを言葉にする営みが、不断に他者に向けて開かれているということでもあるだろう。また、自分の考えを言葉において説明することは、他者に自分自身を説明するということでもあるだろう。だがその他者とは誰なのだろう。言葉にされた自分は、誰とかかわるのだろう。

そしてこの問いとともに言葉を発する時、言葉によりどこかへ連れ去られる身体感覚が帯電しないだろうか。それはまるで真っ暗闇の中を歩きながら、誰かが聞いているかもしれないという期待とともに吹かれ続ける口笛のように、まだ見ぬ世界に向けて自らの身体を開いていく営みではないだろうか。そこでは言葉を発するいずれの瞬間も、新たな未来に飛躍する出発点となる。

ジュディス・バトラーは、自分自身を説明するということにおいて生じる私の解体こそが、他者との関係を生み出すとしている。そしてこの他者は、予め説明を受け止めることが予定された他者ではない。むしろそれは、どこかにいる存在であり、このまだ見ぬ存在により自分自身が説明できなくなる事態こそ、新たな関係の始まりなのだ。それは言葉が自分の考えに輪郭を与えていくことにおいて生じる、どこかへ連れ去られていく身体感覚の問題でもあるだろう。バトラーは、自分自身を説明しようとすることは、まだ見ぬ他の存在により自分自身が「台無しになる（become undone）」ことであるとした上で、次のように述べている。

（それは）呼びとめられ（addressed）、求められ、私でないものに結ばれるチャンスでもあり、さらに動かされ、行為するように促され、私自身をどこか別の場所へと送り届けようとし（address myself elsewhere）、そうして一種の所有としての自己従属的な「私」を明け渡していくチャンスである。(5)

くりかえすが考えるということは、自分の考えを言葉にすることであり、自分自身を言葉において説明することである。そこでは何を考えるのかということだけではなく、言葉においていかに考えるのかということが重要であり、かかる点において考えることは、自分が「台無し」になり、私が「私でないものに結ばれるチャンス」となるのだ。そしてそれは、結ばれていく何者かと共に「どこか別の場所」に向かう動態であり、知とはこうした集合的な動的プロセスを確保しながら遂行される動詞的な思考にほかならない。(6)

そしてだからこそ、知を語る者の感情や身体感覚を禁じることは、こうした飛躍やチャンスを抱える動的プロセスを禁止し抑圧することになるだろう。そして私たちは、この動的プロセスを浮上させようとして、「すだ」の中で自分自身の考えを説明し、「台無し」になり、自分自身を他者に明け渡し始めたのだと思う。

3　聴く

「すだ」において柚鎮さんが担っているのは、聴くということだ。しっかりと顔を見ながら人の話に聴き入る。話す表情、身ぶり、声の抑揚、そして言葉の中断、それらをすべて逃さないという姿勢が、そこにはある。私は、話をしているときに顔を見ようとしない人が、嫌いだ。また、スマホを片手に持ちながら、どこを見ているのかわからない話し方も嫌いだ。またさらに、SNSやスカイプとやらのテレビ電話で話ができると思い込む発想にも、嫌悪している。話すことは伝達ではなく、聴くこともまた受信ではない。いいかえれば柚鎮さんの聴く姿勢がそうであるように、聴くということは、自分自身を説明することを要求するのである。

「すだ」で行われるのは、肯定と否定を設定したあのくだらないディベートでもなければ、議論が制圧されたゼミでしばしば行われる、正しいとされる知識の最後通達でもない。そこでは自分自身を説明しようとする言葉を、聴くということが重要なのだ。その時浮上するのは、言葉にされた自分は誰とかかわるのだろうという問いであり、この言葉と問いとともに、どこかへ連れ去れる身体感覚が、やはり帯電するだろう。そしてじっと話を聴いている柚鎮さんの前で、私たちは次第に自分が宙吊りになり、別の場所に動き出すのを予感し始める。こうして私たちは時計を見ることをやめていく。「すだ」の時間が到来するのだ。

ところでこの聴くということを、少し別の形で考えてみたい。それは「すだ」が確保している言葉の在処の、状況的な意味にかかわっている。すなわち、自分自身を説明するということについて、先ほど述べたバトラーが展開したような言語行為一般にかかわる議論ではなく、それをある状況性の中で再設定したいのだ。

一九三六年に「委員会の論理」を公にし、同年新聞「土曜日」を刊行し、また「土曜日」と記された旗を船尾に立てて仲間とともに琵琶湖を就航し、浜でダンスパーティを開いた中井正一は、翌年の一九三七年に京都府警により治安維持法で検挙された。その後三年に及ぶ取り調べののち、中井は特高の保護観察下に置かれる。中井自身が「予防拘禁におびやかされ通した」[7]というこの保護観察下の一九四二年、中井は「われらが信念」という文章を、保護観察当局が刊行している雑誌に提出している。[8]

この文章は、翼賛運動を推し進めんとする信念にかかわるものであり、その軸には天皇が据えられている。だがここで中井を取り上げたのは、彼の翼賛運動への関与の是非を問題にするためではない。予防拘禁に晒されている状況において、中井が聴くということをそこに持ち込もうとしたことに、注目したいのだ。

中井はこの「われらが信念」において、「「聴く」ということは、他人が定立する一つの命題を、肯定と、否定の両方に評価するにあたって、その両方に向かう「零」の点」であると述べ、そこに

「対話の論理」を設定する。[9] この「聴く」ということにおいて開かれる「対話の論理」は、肯定と否定という平板なベクトルの定立を可能にする前提自体が融解し、別の次元に向けて状況が動き出す「零」の点を手に入れることであり、そこにはこうした動態の中で言葉を確保し続けようとする強い意志があるといえる。「対話の論理の持つ強靭さと、立体性は、かかる論理自体を、単なる可能存在より現実存在にまで導入するところにあらわれてくるのである」。「聴く」ということにおいて平板なベクトル平面という前提が融解するときに、現実は顔を出すのである。言葉は、この顔を出した現実の動態から引き出され、始まるのだ。

この中井の文章が翼賛運動に関与していることについて、鶴見俊輔はそのことを正確に指摘したうえで、次のように述べる。

警察に対して自分を守る技巧であるとともに、翼賛運動を内側からつくりなおす抵抗としての視点をも微弱ながら含んでもいる。[10]

たしかに中井の「対話の論理」が翼賛運動への抵抗になりうるかは、微妙であり、抵抗でありえたとしてもその力は微弱だ。だがやはり鶴見は、予防拘禁に晒されながらも言葉を手放さない中井の態度を、鋭く見抜いているといえる。それは問答無用の暴力に晒され続ける中で、それでもなお言葉を確保しようとする態度であり、その言葉の在処は微弱ではあるが間違いなく始まりの起点ではないだろうか。鶴見も指摘しているように、こうした言葉の在処を確保する「対話の論理」は、間違いなく先にふれた「委員会の論理」の延長線上にあり、その「さらに深まった視点[11]」がそこにはあるといえるだろう。かかる意味で中井の態度は、一貫しているといえるだろう。そしてその一貫性は、まさしく「委員会の論理」と「われらが信念」を結ぶ、一九三六年から一九四二年という時代状況と共にある。そして「すだ」が確保した言葉の在処もまた、時代状況の中で考えなければならない。

4 「いいね！」

「すだ」を行いながら私は今、中井正一のこの「対話の論理」そして「委員会の論理」を考えている。それは、「すだ」における聴くということの重要性と中井のいうそれが同じだということよりも、言葉の在処を確保しようとした中井の時代状況に対する認識にかかわっている。「委員会の論理」と同年である一九三六年に刊行された新聞「土曜日」に中井は、無署名で巻頭言を書いていた。その一九三六年十月二十日の「土曜日」の巻頭言には、「集団は新たな言葉の姿を求めている」という表題が付けられた文章がある。治安維持法で検挙される一年前のことである。

この「土曜日」の巻頭言で中井は、「印刷する言葉」といういい方でマスメディアに言及し、こうしたメディアの登場が「共に話し合い、唄合うことが出来ることの発見」であるはずだと述べた後、次のように続けている。

しかし、人々は、話合いをしなかった。一般の新聞も今は一方的な説教と、売出的な叫びをあげるばかりで、人々の耳でも口でもない「真空管の言葉」も亦そうである。益々そうである。[12]

新聞やラジオによる「一方的な説教と、売出的な叫び」が言葉の場所を制していく事態が、彼を「話合い」の確保に向かわせたのである。この言葉への危機感こそが、「委員会の論理」そして「対話の論理」に結び付いているのだ。ここで、「一方的な説教と、売出的な叫び」を翼賛運動やそれにかかわるプロパガンダと直結させて考えてはならない。問題は、言葉の意味内容ではない。左翼的あるいは良心的知識人の正しい内容なら「一方的な説教と、売出的な叫び」とはならない、などという問題ではないのだ。だからこそ今の問題でもある。

前述したように「対話の論理」は、予防拘禁に晒されている状況の中で、中井が翼賛運動の内部において確保しようとした言葉の在処である。同様に「委員会の論理」は、公的な言論空間がすでに存在せず、問答無用の暴力が社会にせり上がり秩序を担うという状況の中で、いかにして言葉の在処を生み出し、言葉を再開するのかという問いの中で書かれたものである。そして中井も、バトラーと同様に、考えること（思惟）とそれを話すこと、あるいは書くということの間にこだわっているのだ。

こうした思惟と言葉の関係は、一般的には知識人による思惟の伝播あるいは啓蒙として理解されるかもしれない。またこうした理解は、今日、大衆に正しいことを訴えようとするいわゆる良心的知識人においても共通しているだろう。正しい考えをいかに広範に伝達するのかということが、言葉の問題だというのだ。しかし中井はそこに、伝達ではなく、思惟から「問い」へという転換を見るのである。すなわち思惟において確信したことを言葉において主張することは、その確信が問いへと変わることであり、ある種の否定性、あるいは外部性を抱え込むことなのだ。「すべての主張は一つの問い」なのだ。[13] すなわち思惟による確信を言葉にすることは、どうすることもできない外部性に自らを曝すことであり、[14] それはバトラーのいう「台無しになる」ということでもあるだろう。そしてまさしくこの問いにおいて、中井は討議という言葉を用い、さらにはその要点を審議性という言葉で表現する。自らの思惟が台無しになる中で、私ではないものに結ばれるチャンスが、やはり到来するのだ。これが討議であり審議性に他ならない。

この討議に滞留する凝視すべき言葉たちは、すなわち自らの思惟が台無しになる中で生まれ始める言葉たちは、声であり、歌であり、身ぶりであり、記憶であり、モノなのかもしれない。あるいは語る時の表情、声の響き、その時の空気の色などが、討議における審議性を確保するのかもしれない。討議はやはり、スカイプやメールによる伝達ではまったくダメなのだ。そこには合意を急ぐ、せっかちで均質な「いいね!」集団しか生まれない。中井が「一方的な説教と、売出的な叫び」といったのは、この「いいね!」集団にかかわることだ。久野収は「委員会の論理」について、次のような極めて的確な注釈を加えている。

この論文〔委員会の論理：引用者注〕は、変革的、集団的実践の〝論理〟であって、実践の

〝理論〟ではない。もちろん、実践の手引きや案内でさえない。実践の理論でないというのは、実践の対象的認識や解釈ではなく、実践の自己了解だという意味である。実践しながらの実践の自覚であり、自覚的計画化がまた実践の継続の一環であるような実践の動的論理である。動的論理を実行し、検証する実践によって、論理が訂正され、現実化されていく歴史過程そのものの自省として提出されている。(15)

久野がいうように中井の「論理」とは「実践の対象的認識や解釈ではなく、実践の自己了解」なのだ。ここで「委員会の論理」についてこれ以上ふれることは控える。ただ確認しておきたいことは、「対話の論理」と「委員会の論理」に通底しているのは、議論が対象認識や解釈に終始し、また他方で「一方的な説教と、売出的な叫び」を競い合うような言葉の状況への危機感に他ならないということである。それは単なるファシズムへの危機感ということではない。言葉の姿をめぐる危機なのだ。そして求められているのは、動きながら問い、問いながら論理を訂正し、訂正しながら動くという動態を担う言葉たちである。それを久野は「動的論理」といったのだ。そしてこの動的論理においては、先に述べたような「聴く」ということが、重要な位置を占めることになる。

本書が抱えている今の時代状況には、この中井の抱え込んだ言葉の姿をめぐる危機ということがあると、私は考えている。くりかえすがそれは、今のこの国の状況が戦前に似ているということではない。安倍に抵抗する者たちの言葉も含め、「一方的な説教と、売出的な叫び」であることが問題なのだ。傍らにいる異質な存在を無視しながらくりかえされる同質なコールや、正しい解説の布教を競い合い、数量化された「いいね！」でそれを確認する今の状況が、私を「すだ」に向かわせるのである。

5 当事者

ところで「すだ」から生まれた本書が取り上げているのは、軍事的暴力である。そして多くの場合、こうした暴力や暴力が生み出された傷を前にして、その是非が問われることになる。しかし、目の前に置かれ判断されるのを待っている暴力などありうるのだろうか。暴力は「○○の暴力」という名詞形として、おとなしく分類されてはいない。またそれは、法や制度において、また道具や意図においても種別化されるものではない。本書が示すように軍事的暴力は、復興や補償、あるいは占領や植民地主義、さらには日常的な規範や暴力に対抗する社会運動と重なり合いながら、存在するのである。またさらにいえば、こうした重なり合いを単純化し、「○○の暴力」という名詞形に押し込めることは、たとえそれが暴力反対の立場であっても、作動中の暴力の承認あるいは追認となるだろう。

「平和憲法の下で戦後日本人は一人も戦死しなかった」。二〇一五年夏、戦争法案への反対の声からこの言葉が登場したとき、情けなさとともに今進行中の事態が、私にははっきりと看守できた思いがした。また同じ夏、沖縄の翁長知事と日本政府が辺野古の新基地建設をめぐって協議をした。

沖縄の戦後の歩みの中で沖縄に基地が集中している現状を訴えた翁長知事に対して菅官房長官は、協議が決裂した翌日、次のように述べている。「日本全国、悲惨な中で皆さんが大変ご苦労されて今日の豊かで平和で自由な国を築き上げてきた」[16]。みんな苦労してきたというのだ。この菅の言葉は、戦争法案反対の中から登場した「平和憲法の下で戦後日本人は一人も戦死しなかった」とそれほど遠いところにはない。戦争法案に平和憲法を対峙させる同質的コールは、傍らにいる異質な存在を無視し、作動し続けている暴力を追認し続けている。

暴力は目の前で是非の判断を待っているのではない。それは自らの住まう世界の前提にすでにかかわっているのだ。そして本書では、こうした暴力を分類された名詞形ではなく、痛みということにおいて考えようとしたのだ。

たしかに軍事的暴力にかかわる議論は、傷や痛みにかかわる。そして多くの場合、傷や痛みを根拠にして軍事的暴力が論じられることになる。暴力をその結果としての痛みという動かしがたい事実として対象化し、その上で暴力が論じられるのだ。そこでは、痛みを抱え込む当事者と、それを論じる位置に身を置く者たちが設定されることになる。すなわち冒頭にも述べたように、傷や痛みについて論じる者は、日常生活とアカデミア、感情と理性、主観と客観、個別と普遍といった言葉の区分を持ち出して、暴力を解説する自らの役割を守ろうとする。こうして痛みを語る当事者という領域が、論の根拠として、あるいは前提として構成されることになる。

たとえば、本書の第8章にある「「国民基金」をめぐる議論を再び考える――「支援者から当事者へ」という過程を中心に」においても明らかなように、「慰安婦問題」には多くの対立があるにもかかわらず、ある共通項がある。それは、「慰安婦」の言葉を、自らの主張の根拠にしようとする心性であり、そこでは「慰安婦」は、いつも証言台に据えられることになる。他方で「問題」を論じる者たちは、自らをジャッジを下す位置に置こうとするのだ。乱暴にいえば、痛みを当事者に限定し、その上で誰が一番先にそれを正しく意味づけるのかを、競い合っているのだ。この競い合いには、正義という問題よりも、より正しい意味付けをおこなう正しい自分であろうとする自己保身的な身ぶりが、隠されているのではないだろうか。そしてだからこそ、しばしば自らの正しさに根拠を与えてくれる証言者を、選別することにもつながるのだろう。

6　旅する痛み

しかし、「すだ」が確保する言葉たちは、痛みに対して当事者を限定し、ジャッジを担うのではない。むしろこうしたジャッジを行う者たちがよって立つ、前提的な秩序を問題にするのだ。あえていえば法廷自体を問うのだ。そこには、痛みを根拠に審判を下そうとする者たちの法廷が、問われるべき前提として想定されている。痛みを誰かに担わせて論じる前に、その前提自体を問わなければならないのである。

そして痛みを前にして自らの言葉の前提を問い始める時、痛みは別の意味を帯び出す。この時痛みは、当事者に限定された経験でも、論じる者たちの根拠でもない。軍事的暴力を「○○問題」として対象化し、正しい意味付けを争う議論の手前で、始まることがあるのだ。すなわちそれは、痛みが知の対象であることをやめ、痛み自体が「知る」という営みとその知の言葉の姿に、密接にかかわり始める事態である。そして「すだ」は、この始まりを逃さない。

知るとは、傷つけられることでなければならないと考える。知るということ、決定的に重要であるがゆえに意図的に削除されたある歴史を知るということには、知らずに済んでいたことで守られてきた自分の生（生き方）に対する恥ずかしさ、秩序に対する憤怒、意思疎通に対する絶望が生じるため、傷付けられるしかないのだ。（鄭喜鎮[17]）

この鄭喜鎮さんの文章を引きながら柚鎮さんは、知とは「立ち止まる、または黙るというある静態性が絡む動態としてしか語れない」とし、こうした知をめぐる言葉の姿は、「知自体（定義や分類）というより、知り方、知の組み立て方をめぐる議論であり、それらを議論することによって見出される互いの思考の交差点のこと[18]」だと述べたことがある。いわば知は、知識というよりも「知る」という動詞なのであり、この動態においては知るという行為は、正しさの解説や確認ではなく、「知らずに済んできた」知の前提を問うことであり、知の組み立てであり、互いの思考の交差点を確保することなのである。

そしてこのような知の動態においては、痛みは当事者が背負うものでもなければ、論じられる対象物でもない。「知る」という動詞において痛みから始まるのは、鄭喜鎮さんがいうように、知らずにすんできた自らの生に対する恥ずかしさであり、既存の秩序への憤怒そして絶望が入り混じった感情なのである。いいかえればこうした自らの感情や身体感覚を引き出しながら知るということこそが、知らずにすんできたという既存の知の前提を問いながら、知を新たに組み立てていくことにつながるのだ。そしてこの知の組み立てにおいて、「思考の交差点」が登場することになる。

柚鎮さんのいうこの「思考の交差点」は、やはり中井のいう「対話の論理」の「零」であり、そこで交差していく思考は、「委員会の論理」における審議性なのだろう。「すだ」はこの交差点を確保し続けようとする営みだ[19]。この営みの中で自分自身を説明しようとした人々は、やはり台無しになり、痛みは誰かの所有物や論じられる対象物であることをやめ、複数の感情や身体感覚とともに知の前提を問う糸口になり、こうして知は運動体となるのだ。複数の「すだ」たちとともに旅をする痛み。こうして本書ができたのである。

注

(1) 孫歌『アジアを語ることのジレンマ――知の共同空間を求めて』岩波書店、二〇〇二年、五二ページ

(2) 同書二三三ページ

(3) 孫歌は次のようにも記している。「「感情記憶」の問題として探求しようとしていたのは、ただの戦争に関する記憶の問題ではなく、われわれの知的構造自体を問う問題でもあった」(同書二五二―二五三ページ)

（4）ここでいう運動体とは、とりあえず鳥羽耕史が、安部公房がかかわった芸術運動、サークル運動、政治運動、記録運動などを総体として議論しようとした時に用いた「運動体」という言葉を念頭に置いている。それは「共同運動であり、時には孤独な運動」である。またそれは、「固定したまとまりではなく、常に動きつづけ自らを更新し続ける」。またそれは、「新陳代謝を続け自ら変わっていくという意味で生物の細胞のイメージに近い」。またそれは、「運動体内部の個々人も、互いに触発しあいながら変貌する」のだ。「そうしたダイナミズムそのものを示すのが運動体という用語である」。鳥羽耕史『運動体・安部公房』一葉社、二〇〇七年、五―六ページ。付け加えるなら私はそこに、フェリックス・ガタリが実践した「動的編成（アジャスマン）」を重ねて考えている。

（5）Judith Butler, *Giving an Account of Oneself*, Fordham University Press, 2005, p136. ここでバトラーが説明するという行為を伝達する（communicate）とせずに語りかける（address）という動詞を用いたことに注意したい。バトラーはこの動詞において、「私」の説明行為が類的同一性において区分された世界における伝達や翻訳ではなく、こうした区分された世界自体を問う営みであり、こうした世界においては場所をもたない「どこか」に向かうプロセスであることを示そうとしている。またそれは酒井直樹がいうように、翻訳という行為にもかかわる。翻訳はまずは類的同一性を生み出し、同時に前提として追認する。しかし、この類的同一性に区分された世界に翻訳者の居場所はない。したがって翻訳者の発話は、台無しになった私自身をどこか別の場所へと送り届けようとする（address myself elsewhere）構えなのだ。いいかえれば総ての発話は、かかる意味で、翻訳者の発話に他ならない。

（6）この動詞的思考については、二〇一五年八月二十六日・二十七日の両日、同志社大学で開催されたソウルで活動中の「スユノモ（N）」と「火曜会」とのワークショップで報告した次の論考を参照されたい。冨山一郎「共に考えるということ――動詞的思考、あるいは遅れて参加する知のために」(http://doshisha-aor.net/place/366/)。

(7) 中井正一「聴衆0(ゼロ)の講演会」(「朝日評論」一九五〇年四月号)、久野収編『中井正一全集』第四巻所収、美術出版社、一九八一年、一八九ページ

(8) 中井正一「われらが信念」(「昭徳」一九四二年四月号)、同書所収

(9) 同書七五ページ

(10) 鶴見俊輔「解説　戦中から戦後へ」、同書所収、三五九ページ

(11) 同書三五九ページ

(12) 中井正一、久野収編『美と集団の論理』中央公論社、一九六二年、二〇七ページ

(13) 長田弘編『中井正一評論集』(岩波文庫)、岩波書店、一九九五年、四四ページ

(14) 伝達はいつも失敗するのであり、かかる意味で自らを外部性 (exteriority) に晒すことに他ならないのである。酒井直樹『日本思想という問題――翻訳と主体』(岩波書店、一九九七年) の一三一―一六ページを参照。

(15) 久野収「解題」、久野収編『中井正一全集』第一巻所収、美術出版社、一九八一年、四六一ページ

(16) この発言については、鹿野正直、森宣雄、戸邉秀明、冨山一郎による「戦後沖縄・歴史認識アピール」(二〇一五年十一月二十四日) が出された。その記者会見 (二〇一五年十二月十五日) の場に、私が提出した文章は次のとおりである。「この声明は、菅官房長官の沖縄に対する歴史認識の欠如を問題にしています。日本という国家を代表して語る人が、ここまで無知なことをいうのかという怒りと情けなさが入り混じった思いが、そこにはあります。しかし、日本という国が戦後歩んできた道のりこそが、「基地の島」としての沖縄の戦後を生み出してきたという歴史を忘却しているのは、菅官

房長官だけではありません。この忘却は、この国に住まう多くの人々においても広く共有されていま
す。あえていえば、沖縄からすれば日本は、忘却の共同体なのです。／今年の夏、安保法案をめぐっ
て大きな運動がおきました。私もこの法案には反対です。しかし、同時にその運動の中から「平和憲
法の下で戦後日本人は一人も戦死しなかった」という声が上がる時、強烈な違和感を感じました。こ
の声は、菅官房長官の「日本全国、悲惨な中で皆さんが大変ご苦労されて今日の豊かで平和で自由な
国を築き上げてきた」という発言と、そんなに遠いところにある訳ではないのです。／私たちの声明
は、日本と沖縄の違いを強調し、分断を訴えるものではありません。重要なのは違いをふまえたうえ
でいかなる繋がりが生み出せるのかということであり、また違いを違いとして議論できない今の状況
自体を問題にしたいのです。それはある意味で、戦後日本そのものの問題でもあります。／歴史認識
は、極めて当たり前の日常感覚と結びついているがゆえに、それを問題化することは容易なことでは
ありません。時間と息の長い議論の場が必要です。この声明が、複数の場で生まれる議論に結び付く
ことを、願っています」

(17) 二〇一三年六月十九日の「火曜会」での議論から(http://doshisha-aor.net/place/536/)。

(18)「火曜会」については、次のホームページを見ていただきたい。「火曜会」(http://doshisha-aor.net/place/439/)

(19) この交差点をどのように確保し、また複数化していくのかということについては、さらに検討しなければならないことがあると考える。それは制度という問題であり、制度の中にいかに「すだ」を介入させるのかという問題だ。またそれは、中井正一が代表性という言葉で考えようとしたことでもあるだろう。この点についてはとりあえず、前掲「共に考えるということ」を参照されたい。

［著者略歴］
古波藏 契（こはぐら・けい）
1990年生まれ
日本学術振興会特別研究員（PD）
専攻は沖縄近現代史
論文に「沖縄占領と労働政策」（「沖縄文化研究」第44号）など

西川和樹（にしかわ・かずき）
1986年生まれ
同志社大学グローバル・スタディーズ研究科博士後期課程
専攻は日本近現代文化研究
論文に「「生活」の焦点化」（「同志社グローバル・スタディーズ」第8号）

大畑 凜（おおはた・りん）
1993年生まれ
大阪府立大学大学院博士課程
専攻は社会思想史
論文「流民のアジア体験と「ふるさと」という「幻想」」（「女性学研究」第25号）

島本咲子（しまもと・さきこ）
1973年生まれ
同志社大学グローバル・スタディーズ研究科博士前期課程修了
京都大学医学部附属病院教授秘書
専攻はアメリカ研究

[編著者略歴]
冨山一郎（とみやま・いちろう）
1957年生まれ
同志社大学グローバル・スタディーズ研究科教授
専攻は沖縄近現代史
著書に『流着の思想』(インパクト出版会)、『暴力の予感』（岩波書店）、『増補 戦場の記憶』（日本経済評論社）、『近代日本社会と「沖縄人」』（日本経済評論社）、共編著に『ポスト・ユートピアの人類学』（人文書院）、『現代沖縄の歴史経験』（青弓社）など

鄭柚鎮（ちょん・ゆじん）
1969年生まれ
同志社大学グローバル・スタディーズ研究科客員教員
専攻はジェンダー論
共著に『東アジアの冷戦と国家テロリズム』（御茶の水書房）、『現代沖縄の歴史経験』（青弓社）、『「慰安婦」問題の解決に向けて』（白澤社）、論文に「「慰安婦」問題とポストコロニアル状況」（「人権問題研究」第14号）など

軍事的暴力を問う　旅する痛み

発行――――2018年4月17日　第1刷
定価――――3000円＋税
編著者―――冨山一郎／鄭柚鎮
発行者―――矢野恵二
発行所―――株式会社青弓社
〒101-0061 東京都千代田区神田三崎町3-3-4
電話 03-3265-8548（代）
http://www.seikyusha.co.jp
印刷所―――三松堂
製本所―――三松堂

ISBN978-4-7872-3434-6 C0036